エンジニアを説明上手にする本

相手に応じた技術情報や知識の伝え方

開米瑞浩
Mizuhiro Kaimai

本書内容に関するお問い合わせについて

このたびは翔泳社の書籍をお買い上げいただき、誠にありがとうございます。弊社では、読者の皆様からのお問い合わせに適切に対応させていただくため、以下のガイドラインへのご協力をお願い致しております。下記項目をお読みいただき、手順に従ってお問い合わせください。

●ご質問される前に

弊社Webサイトの「正誤表」をご参照ください。これまでに判明した正誤や追加情報を掲載しています。

▶ 正誤表　http://www.shoeisha.co.jp/book/errata/

●ご質問方法

弊社Webサイトの「刊行物Q&A」をご利用ください。

▶刊行物Q&A　http://www.shoeisha.co.jp/book/qa/

インターネットをご利用でない場合は、FAXまたは郵便にて、下記"翔泳社 愛読者サービスセンター"までお問い合わせください。
電話でのご質問は、お受けしておりません。

●回答について

回答は、ご質問いただいた手段によってご返事申し上げます。ご質問の内容によっては、回答に数日ないしはそれ以上の期間を要する場合があります。

●ご質問に際してのご注意

本書の対象を越えるもの、記述個所を特定されないもの、また読者固有の環境に起因するご質問等にはお答えできませんので、あらかじめご了承ください。

●郵便物送付先およびFAX番号

▶ 送付先住所　〒160-0006　東京都新宿区舟町5
▶ FAX番号　03-5362-3818
▶ 宛先　(株)翔泳社 愛読者サービスセンター

※ 本書に記載されたURL等は予告なく変更される場合があります。
※ 本書の出版にあたっては正確な記述につとめましたが、著者や出版社などのいずれも、本書の内容に対して何らかの保証をするものではなく、内容やサンプルに基づくいかなる運用結果に関してもいっさいの責任を負いません。
※ 本書に記載されている会社名、製品名はそれぞれ各社の商標および登録商標です。

まえがき

「人前で話すのは得意です」という人は多くはありません。特に技術者であれば、得意だという人は100人に1人もいないことでしょう。「話す」だけでなく、文章や図表も含めて「書く」こともやはり苦手にしているエンジニアが多いようです。

ですが、苦手だからといって避けて通っていてはよい仕事はできません。お客様にとって魅力のある提案をして発注をもらうためにも、お客様の事情や要求を聞き出して最適な仕様を決定するためにも、適切に使ってもらうためにも、「説明する力」が必要です。また、「人に教えることによって自分自身が1番よく理解できる」とよくいわれるように、自分自身の技術力を向上させるためにも「説明する力」は役に立ちます。

「そうはいってもやはり苦手だ……」と思ってしまうのも無理はありません。人間は普段やったことのないことは上手くできなくて当たり前です。そこで、「よし、じゃあ、やってみよう」と思って「始めてもらう」ために私はこの本を書きました。

実は「説明する」力を伸ばすために「覚えなければならない知識」は、技術そのものに関する知識に比べてきわめて少ないので、本気で取り組めば短期間で大きく向上します。特に、「人前に出て口頭で説明する」いわゆるプレゼンテーションはきちんと「技術」を知って適切な「フィードバック」を受けつつ「練習」をすれば、ほんの数日どころか数時間でも見違えるように上達します。つまり投資対効果が高く、投入した努力に比べて非常に大きな成果が得られるのが「説明する技術」の特徴です。

ですから、「文章を書くことも、しゃべることも苦手」と感じている、どちらかといえば技術オタクのような技術者にこそ私はこの本を読んで欲しいと願っています。

技術力に加えて「説明する力」も身につければ、あなたの技術力はより価値あるものになるでしょう。ぜひ、本書で「説明上手」への道を一歩踏み出してみてください。

開米 瑞浩

目次

COLUMN INDEX

第1章

「説明する」場面によって押さえるべきポイントはこんなに違うもの

説明するために重要なのは、思い出したことをその都度しゃべる／書くのではなく、説明が必要な場面を場合分けし、情報を分解・分類して象徴的な言葉を選んで文を組み立てる習慣です。

この章では、基本的な場面の種類と、1日3分・3行ラベリングという「説明力を伸ばすトレーニング」について知ってください。

1.1 まずは「説明」する仕事の全体像を俯瞰(ふかん)してみよう

伊吹ケンジ君は独立系SI会社に入社3年目のエンジニア。プログラムを書いたりログを解析したりするのは得意なほう。しかしそんな伊吹君に、ある日上司がこんな言葉をかけてきました。

「伊吹君は十分高いテクニカルスキルを持っているよね。おかげで僕もいつも助かってる、ありがとう。あとはもう少し説明力を付けてもらうと、そのテクニカルスキルがもっと生きてくると思うな」

説明力……人と話をすることにはいまだに苦手意識がある伊吹君にとって、それは気の重い言葉でした。それはいったいどうすれば身につけることができるのでしょう？

尋ねてみると上司の返事は、伊吹君の先輩に当たる赤城さんに相談してみてくれ、というものでした。

そこで赤城さんに聞いてみると、彼は「よし、じゃあまずはこれを見てくれ」と2枚のチャートを見せてくれました。

本書の目的

IT技術者の中には、伊吹君のように「人と話をするのは苦手」というタイプが少なくないようです。何を隠そう、筆者の開米自身もそんなタイプなので最初のキャリアにIT技術者であることを選んだ経緯があります。しかし、いつまでもそのままではいられない……「コミュニケーション能力」を身につけなければいけない。そうは思いながらも苦手意識は解消できず、ギャップに悩む方が多くいます。この本はそんなIT技術者の「説明する」悩みを解決する一助となることを願って書きました。

コンテンツ／デリバリー／ターゲットを考える

「説明力」といっても、顧客の経営者にシステム提案をする場合とオペレーターに操作説明をする場合とでは、押さえるべきポイントがまったく別物といえるほど違います。しかしそうした細かい場面による違いに触れる前に、まず「説明」の全体像を見ておきましょう。

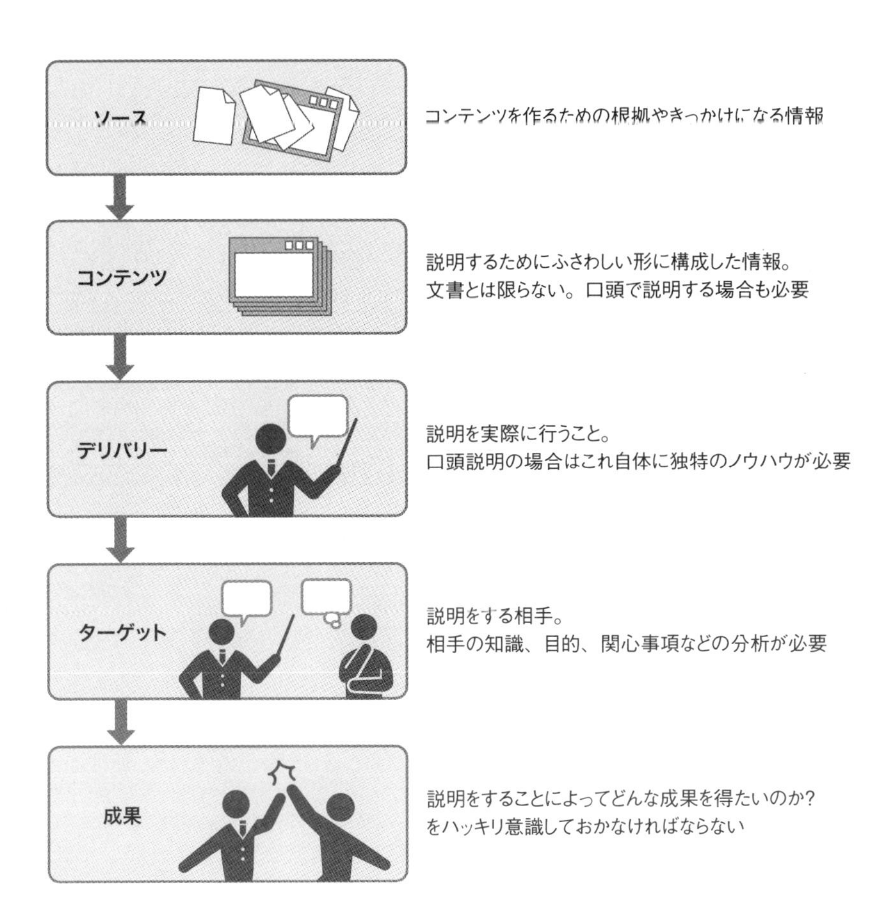

図1.1：コンテンツ／デリバリー／ターゲットを考える

図1.1は、「説明」する仕事を「ソース」から「成果」までの流れで考えたものです。

「ソース」というのは、ここではプログラム言語のソースコードのことではなく、説明するための根拠やきっかけになる情報のことをいいます。例えば新入社員にRDBの教育をするというような場合は、SQLの規格書や市販の解説書などを参考にすることでしょう。そうした「手がかりにするもの」がソースです。

ただし、ソースは参考にはなりますが、通常それをそのまま使って説明することはできませんので、個別の必要に応じて一部の内容を抽出したり改変したりします。これが「コンテンツ」で、特定の目的を持った説明のために、ソースの情報を整理して作ったものを示します。製品紹介などのプレゼンテーションをする時はたいてい、PowerPointやKeynoteのようなツールでスライドを作ると思いますが、それが「コンテンツ」です。

そして、そのコンテンツを使って実際に説明をすることを「デリバリー」といいます。プレゼンテーションのように口頭説明をする場合はコンテンツとデリバリーがハッキリ分かれていて、コンテンツとは別なノウハウが必要です。

一方、どんな説明をする場合も、自社製品を使う可能性のある見込み客とか実際に使っている現場のオペレーターといった特定の条件に当てはまる相手を想定するものです。この「説明する相手」のことを「ターゲット」といいます。ターゲットのことをよく知っておくことは、上手く説明するために欠かせません。誰に何を説明してどんな成果を得たいかによって、コンテンツの作り方もデリバリーのポイントも変わってきます。

最終的に、説明することによって私たちは何らかの「成果」を得ます。それは例えば発注という場合もあるし、技術への理解ということもあるでしょう。どんな成果を得たいのか？　というゴールイメージをきちんと持っておかないと、無駄な説明をしてしまいます。

コンテンツとターゲットについての議論の中でも最も重要な基本的な事項についてはこの第1章で扱いますので、本書のすべてを読む時間がない場合はまず第1章だけ読んでみてください。第2章ではプレゼンテーションについてのよくある誤解と実際について、第3章ではコンテンツを作るためのプランニングとライティングについて、第4章ではデリバリーの基本テクニック、第5章では複雑なコンテンツを扱う場合の構造化の事例と手法を扱います。

状況把握／方針立案／報告・提案／作業記述を区別する

次に、説明が必要な場面を大まかに分類したものが**図1.2**です。

現代の知識労働者（もちろんIT技術者も含みます）の仕事は基本的に「問題解決」をすることです。問題解決の場は大まかに「現場」サイドと「スポンサー」サイドに分かれます。解決するための具体的な行動をするのが現場サイド、それに予算を出す、許可を出すなどして支援をするのがスポンサーサイドと思ってください。

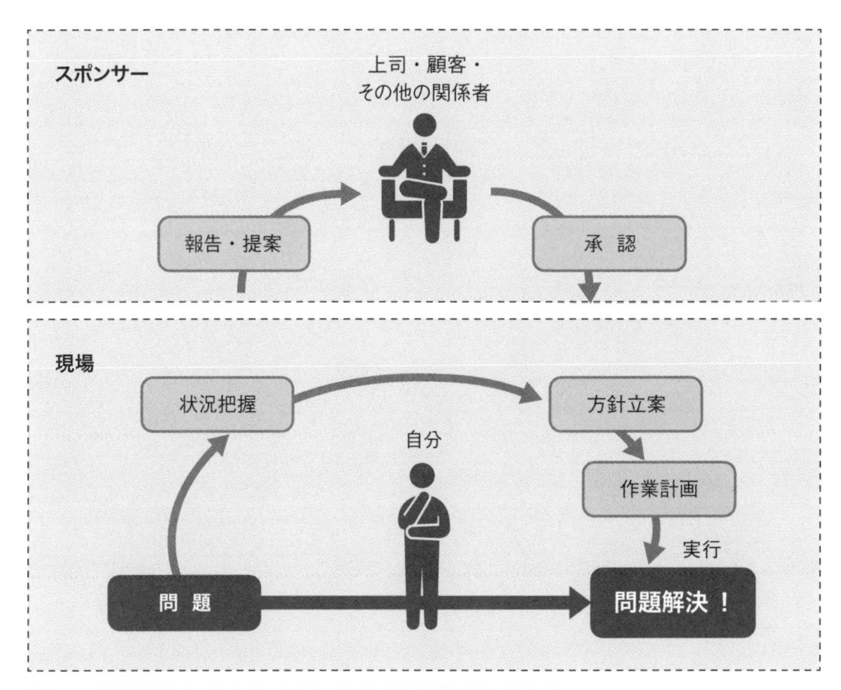

図1.2：状況把握／方針立案／報告・提案／作業計画を区別する

今、あなたは**図1.2**の現場サイドにいる「自分」であり、何か問題を解決しようとしているとします。そのためにあなたは発生した問題に対して、まず「状況把握」をし、状況が把握できたら「方針立案」をするはずです。たいていこの段階で、上司や顧客その他の関係者といった「スポンサー」に対して「報告」や「提案」が必要になります。問題が起きたことを報告し、解決方針を提案するわけです。その提案に承認が得られたら、方針をもとに「作業計画」を作り、それを実行することで「問題解決」ができます。

問題解決の場にはこのように、状況把握、方針立案、報告・提案、作業計画という4種類の場面が存在していて、それぞれ必要な説明のポイントが少しずつ、あるいは大きく違います。

そこで、今自分がしようとしている説明がこの4つの場面のうちのどれなのかを把握して、ポイントを押さえるようにしなければなりません。大まかにいうと、現場では細かい情報を把握しなければなりませんが、スポンサー側にはそれは必要ないどころか邪魔でさえあります。

その他のそれぞれの違いについては本書の中で随時触れていくことにします。

1.2 説明力向上のための超基本の大原則「分類してラベルを付ける」

ある日、伊吹君は担当しているシステムの性能改善計画を顧客に説明するように求められました。

しかし、資料をまとめて必死に説明してみたものの、上手く話が通じません。

「よくわからないな……何がいいたいの？　もっと要領よく説明できない？」

と、ややイラついた口調で顧客側担当者にいわれて頭が真っ白になりかけたその瞬間、同席していた赤城さんが助け船を出してくれました。

「ちょっと確認させてください。論点としてはこの4つ、ということで間違いありませんか？」と、ホワイトボードに4つの見出しを列挙する赤城さん。

「ああ、その通りです」という返事を得て、赤城さんは伊吹君にそれぞれを説明するようにうながしました。伊吹君が説明するとその要点をまた書きとめていく赤城さん。

それがひととおり終わったところで、もう一度顧客に確認を求めると、

「なるほど、よくわかりました。では、それでお願いします」

という答えが返ってきました。

ああ、よかった……と、ほっと一安心した伊吹君でしたが、1つ気になったことがありました。赤城さんの助け船の前後で自分がしゃべったことはほとんど同じのはずなのに、どうして最初は通じなかったのでしょう？

前後を比較してみると

まずは伊吹君の最初の疑問について考えてみましょう。しゃべったことはほとんど同じなのに、どうして最初は通じなかったのでしょうか？

1回目と2回目の違いをまとめた**図1.3**を見てみましょう。伊吹君が当初話した内容は、10項目程度の箇条書きでした。それは「よくわからない」といわれてしまいました。

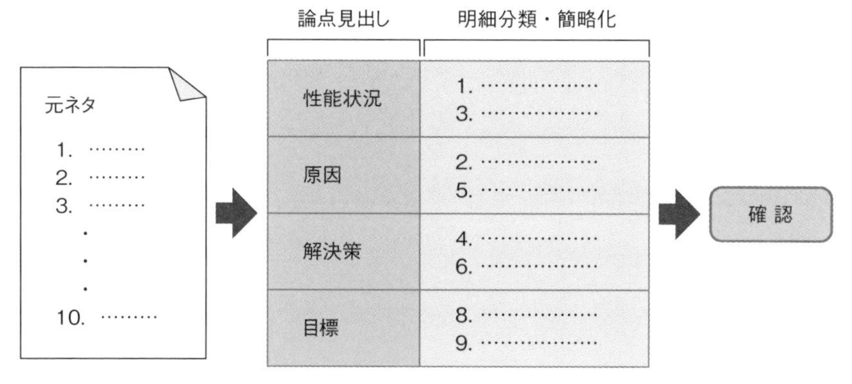

図1.3：明細を分類して論点見出しを付ける

そこに赤城さんは「論点見出し」を付けました。「性能状況」「原因」「解決策」「目標」といった簡単な見出しをイメージしてください。その見出しに合わせて、伊吹君が当初用意していた10項目がどれに該当するかを割り振りました。10項目全体でひとまとめだったものを、4グループに分類（分割）したわけです。

4項目以上あれば分類を考える

実はこれはわかりやすい説明をするための「コンテンツの作り方」についての基本技術の1つですので、「分類・ラベリングの原則」として覚えておいてください。ある程度量が多い情報については、それを「分類」して「見出し（ラベル）」を付けるだけで格段にわかりやすくなってしまうことがよくあるのです。

当初、伊吹君は10項目の箇条書きを用意していましたが、一般的には箇条書きが4項目以上になると読者の集中力が落ちてわかりづらくなります。しかし分類してラベルを付ければ、1分類当たりの情報量が減るので集中力が途切れません。4項目程度なら無理に分類する必要はありませんが、一度は考えてみるべきです。

ラベルを考える時は、「分類」を表す言葉を探す

今度は**図1.4**を見てみましょう。同じ情報を、箇条書きのみ・単純ラベル付き箇条書き・分類ラベル付き箇条書きの3種類で書いたケースです。

箇条書きのみ

・メモリが 8GB しか搭載されていないためにキャッシュミスが多発
・HDD アクセスが増えるため性能が落ちる

単純ラベル付き箇条書き

キャッシュミス：メモリが 8GB しか搭載されていないためにキャッシュミスが多発
HDD アクセス増：HDD アクセスの多いロジックを使っている

分類ラベル付き箇条書き

資源不足：メモリが 8GB しか搭載されていないためにキャッシュミスが多発
アルゴリズム不良：HDD アクセスの多いロジックを使っている

図1.4：分類を表す言葉でラベルを作る

「単純ラベル」と「分類ラベル」の違いは**図1.5**のように、本文に記載されている内容をよりストレートに表していてラベルから本文を直接類推できるのが単純ラベル、大まかに表しているのが分類ラベルです。見ての通り、単純ラベルはたいていの場合、本文で使われている言葉で作ることができます。

単純ラベルを使ってはいけないわけではありませんが、できるだけ分類ラベルも考えるようにしてください。というのは、分類ラベルのほうが明細を洗い出しやすく、一般化しやすいというメリットがあるからです。

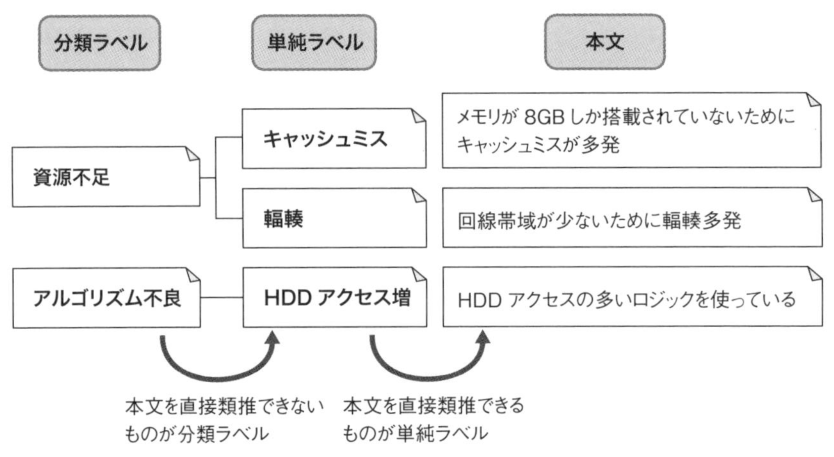

図1.5：分類ラベルと単純ラベルの違い

分類ラベルがあると明細の検討漏れを見つけやすい

図1.5で「キャッシュミス」だけがわかっている時に、そこに「資源不足」というラベルを付けると「キャッシュミス以外にも、資源不足に当てはまる事象はあるかな？　……あ、通信とCPUの問題がありそうだ」のように、検討から漏れている項目を見つけやすくなります。つまり「明細の洗い出しをしやすい」こと、これが分類ラベルを使うメリットの1つ目です。

人間の記憶には、考える範囲をある程度狭く制限することによって、その範囲内のことが思い出しやすくなるという性質がある、と私は考えています。「キャッシュミス以外の要因」だと範囲が広すぎるので、「キャッシュミス以外で資源不足に当てはまる」と限定を加えたほうがよいのです。分類・単純の両方のラベルを使うことで、記憶を引き出す効果が得られます。

「考える範囲を限定する」のがポイント

実は、「資源不足」のようなラベルを付けることで、「資源不足に当てはまる要因」と「資源不足以外の要因」のどちらも気が付きやすくなります。これも要するに考える範囲を狭くコントロールすることによる効果で、それを説明しているのが**図1.6**です。例えば「キャッシュミス以外の性能悪化要因は？」と単純ラベルだけを使った場合は、Aに該当する広い範囲を考えることになるため、なかなか頭が働きません。それに対してBのように分類・単純の両方を使うと範囲を限定できます。次にCのように問いを立てれば、Bとは違う範囲を考えることができます。

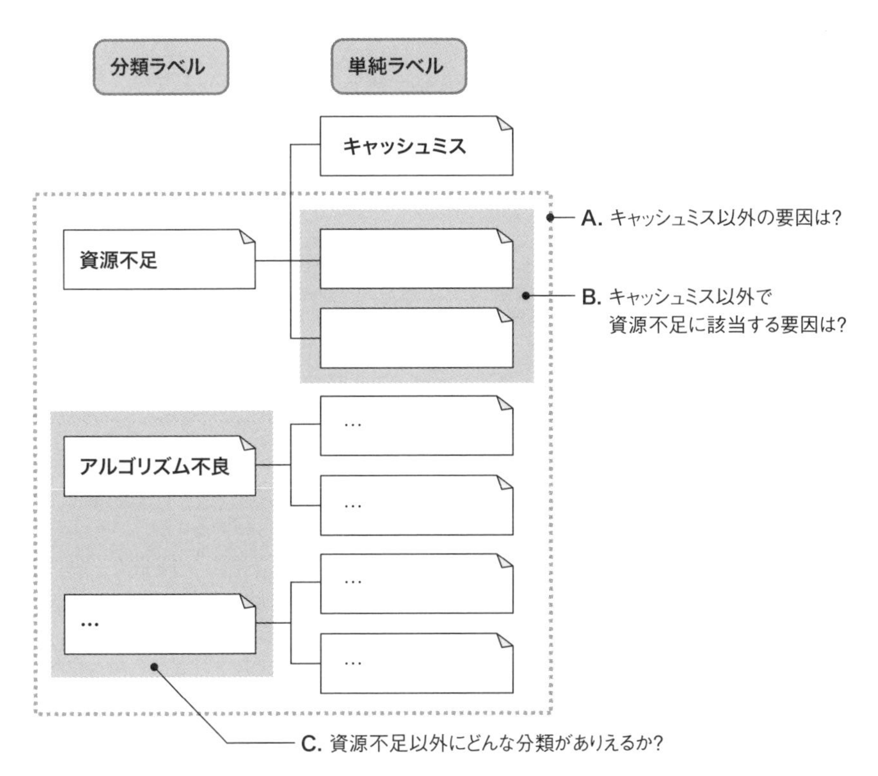

図1.6：ラベルを使うことで、考える範囲をコントロールできる

要するに人間は「今、どの範囲を考えているのか」を自覚していればその対象を移動していくことができるわけです。その「対象範囲の移動」をコントロールするためには分類ラベルと単純ラベルの両方を組み合わせて使うことが有効なのです。

分類ラベルがあると一般化しやすい

「分類ラベル」を使うメリットの2つ目は、「一般化しやすい」ということです。「一般化」というのは違う場面で応用できるような共通のパターンを発見することで、例えば「資源不足によって性能低下が起きる」というパターンは、道路の渋滞、通信回線、DB検索システムなど、いくつもの異なる場面で共通に発生します。これが「キャッシュミスによって性能低下」のように単純ラベルだと応用できる場面が限られてしまいます。

そんな視点でもう一度**図1.3**を見てみると、赤城さんが付けた「性能状況」や「原因」「解決策」「目標」という論点見出しは「分類ラベル」だということがわかりますね。何か問題が起きた時に「原因」を調べて「解決策」を立て「目標」を設定するのはよくあるパターンです。こうしたよくあるパターンを使える、つまり過去の経験を応用しやすくなるのが「分類ラベル」を使うメリットの2つ目です。

「原因・解決策・目標」のようなパターンは問題の内容が「システムの性能」に限らず「交通事故の多発」「感染症の蔓延（まんえん）」あるいは「デートの誘いに失敗する」であっても共通ですので、違う分野でも応用が利きます。このことが、専門知識を共有していない人と話が通じるようにするためには非常に重要です。

練習問題：IPAウイルス対策7箇条

下記のリストは、IPA（独立行政法人 情報処理推進機構）が公開している「ウイルス対策の7箇条」注1.1 を要約したものです。この7箇条を適当に分類し、単純ラベル／分類ラベルを付けてみてください。ただしこの7箇条は2008年発行のもので、2016年現在とは感覚の違う部分がありますが、現在の常識ではなく、あくまでも下記リストに書かれている内容をもとに考えてください。

1. アンチウイルスソフトウェアを使用しウイルス定義ファイルを最新のものに更新すること
2. メールの添付ファイルは、開く前にウイルス検査を行うこと
3. ダウンロードしたファイルは、使用する前にウイルス検査を行うこと
4. アプリケーションのセキュリティ機能を活用すること（ExcelやWordのマクロ機能の自動実行を無効化する、メーラーやブラウザのセキュリティレベルを上げるなど）
5. セキュリティパッチをあてること（OSやアプリケーションのセキュリティホールをふさぐため）
6. ウイルス感染の兆候を見逃さないこと（システムの挙動が通常と違う、見知らぬファイルやアイコンができるなど）
7. ウイルス感染被害からの復旧のためデータのバックアップを行うこと

▶ 解答

図1.7に解答例を示します。

注1.1：IPA独立行政法人 情報処理推進機構：ウイルス対策7箇条（リニューアル版）
https://www.ipa.go.jp/security/antivirus/7kajonew.html

1
2
3
4
5

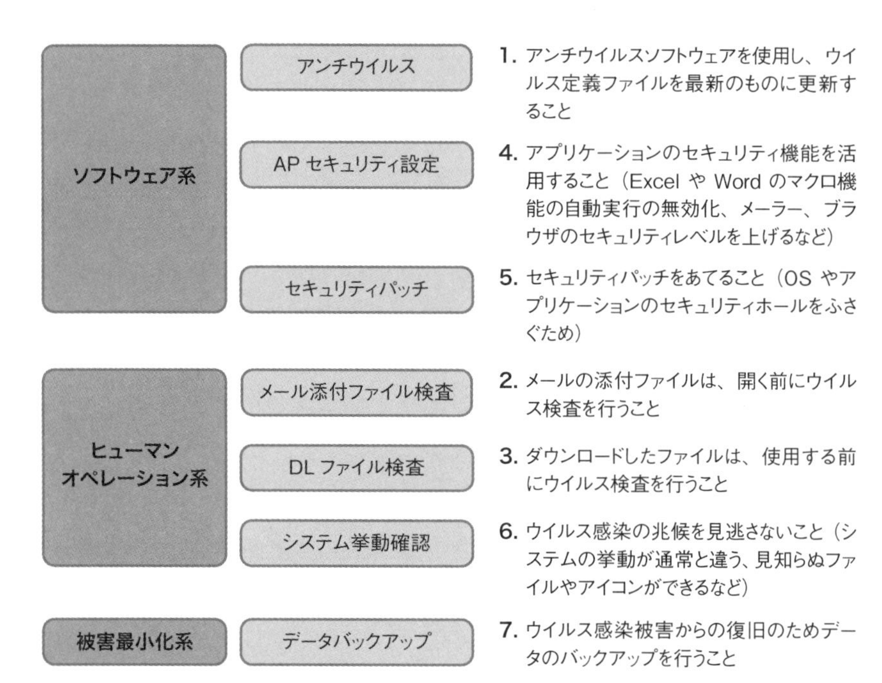

図1.7：IPAウイルス対策7箇条の解答

この例では「ソフトウェア系／ヒューマンオペレーション系／被害最小化系」という3分類にしましたが、分類については他の考え方もあります。例えば「6.システム挙動確認」は感染が起きることを前提とした対応であり、その意味では「7.データバックアップ」と共通する面があるため、その2つを同じ分類に入れる考え方もできるでしょう。両者のどちらかが正しいということではなく、文書を書く目的に応じてより適切なほうを使います。

この種の、「○○を成功させるための○箇条」といった箇条書き形式のノウハウはいろいろなところで出てきますが、5項目以上あるものはたいていもう一段階おおづかみに分類することができるので、分類・ラベリングのよい練習材料になります。自分がよく知っている分野で試してみてください。

1.3 1日3分・3行ラベリングのススメ

赤城さんに「分類ラベルを付けることがポイント」といわれて「なるほど、いわれてみればその通りだ。やってみよう」と思った伊吹君ですが、実際にやってみると意外に難しい場合もあることに気が付きました。単純ラベルはまだしも見つけやすいのですが、分類ラベルはなかなか思い付けないことがあります。

そんなある時、ふと目にとまった1つの文がありました。

当システムを利用することにより、さまざまな形式の大量データを高い圧縮率で蓄積することで、省電力と省スペース化が可能になり、環境配慮とコスト削減を同時に実現することができます。

この文に付ける単純ラベルを考えようとした伊吹君ですが、「省電力」「省スペース」「環境配慮」「コスト削減」など、どれを選んでも違う気がします。迷って赤城さんに相談してみると、答えは「その文自体を一度分解してから分類してみな？」というものでした。

ラベルを付ける際のポイント

ラベルを付ける、という指針自体はシンプルなものですが、初めのうちはなかなか上手く行かないものです。その理由は後述するとして、伊吹君が悩んだ文を「分解してから分類」し、さらに明示されていない情報を補うとこんな形になります。

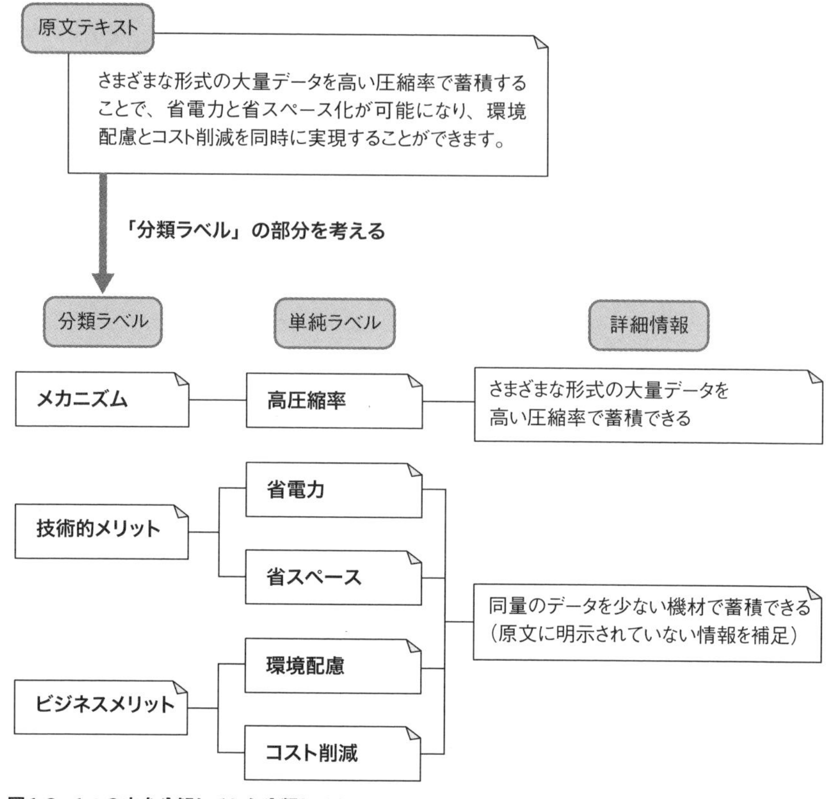

図1.8：1つの文を分解してから分類してみる

実は原文は「メカニズム」「技術的メリット」「ビジネスメリット」の3つに分類される情報を1文の中に詰め込んだものでした。文中で使われているどの単語を選んでもこの文全体に対する単純ラベルとしては違和感を持ってしまう理由は、そこにあります。

図1.4や**図1.5**の例では1文に対して単純ラベルを付けていましたが、この例のように1文で複数の情報を同時に語っている時はそれが難しいので、いったん分解してから分類してやる必要があります。

ちなみに原文から「さまざまな形式の大量データを高い圧縮率で蓄積できる」の部分だけを抜き出すとそこには「高圧縮率」という単純ラベルを付けることができます。また、高圧縮率であるということは、原文には書かれていませんが「同量のデータを少ない機材で蓄積できる」ことを意味するので、それは「省電力」以下の4つのメリットを実現することになります。

もう一度**図1.8**を見て、「分類ラベル」以下の3項目と「単純ラベル」以下の5項目にそれぞれ統一感があることを確かめてください。「省電力」を分類ラベルのほうに持っていっても、「ビジネスメリット」を単純ラベルのほうに持っていっても、他の項目と明らかに性質が違うのがわかって違和感を持ちますよね？

情報をきちんと整理するとこのように整然とした統一感が出てくるものなので、とことん考える時はそこまでやるのがポイントです。

しかし、分類ラベルは気が付きにくい

このようにきちんと整理してラベルを付けると非常にわかりやすくなるものなのですが、困るのは、特に「分類ラベル」は気が付きにくいということです。

図1.5でもおわかりのように「単純ラベル」はたいてい、本文中に出てくる言葉、多くの場合は専門用語を使って作ります。そのため本文があれば単純ラベルは思い付きやすいのに対して、分類ラベルはすぐに気が付かないので、普段から意識的に考えるようにしていないと、いざという時になかなか思い付けません。

私は説明力強化研修をしている関係で、分類ラベルを付けるワークをIT技術者にしてもらう機会が多いのですが、簡単な言葉なのに気が付かず、いわれてはじめて「あっ！　それか！」というリアクションを見せる方が大勢います。知っている言葉でも、普段使っていないとなかなか出てこないのです。

1日3分だけ「ラベルを考える」トレーニングをしてみよう

普段使っていないとなかなか出てこないので、私が推奨しているのが「1日3分・3行ラベリング」というトレーニング法です。

原文に分類ラベルを付けるとしたらどんなものがよいかを、「1日に3分だけ」でいいので考えてみましょう。これまで例示したように3行程度の短い文を対象にして、頭の中で考えるだけでも大丈夫です。そして、3分たって答えが出てこなければそれで忘れてしまってもかまいません。翌日また違うものを3分考えましょう。

なぜ「3分でダメなら忘れていい」のかというと、とにかく毎日継続してほしいからです。継続するためには、1回当たりの負担を軽くしたほうがいいのでそうすすめています。

仮に3分では答えが見えてこなかったので考え続けて、30分たってようやくわかったとしましょう。「わかった」ことそれ自体にはうれしくなったとしても、翌日またやることを考えると気が重くなりませんか？　その結果、「5分後から打ち合わせが始まるからそれまでだったらやれるけど、昨日は30分かかったし、やめておこうかな……」といった気持ちが起きると続きません。本来ならそういう「ちょっとしたスキマ時間」にこそやってほしいので、「3分考えてダメだったら忘れる」ことをおすすめします。

成果ゼロに見えても実際はトレーニングになっている

それに、「3分考えたけど答えが出てこなかった」という場合、一見成果ゼロのように見えても実際は「説明力のトレーニング」としては十分役に立っています。分類ラベルというのはたいていその人がすでに知っている言葉です。知っているのに出てこないというのは、「覚えていない」のではなくて、記憶を引き出すことができていない、という現象です。

人間の記憶の引き出しが持つメカニズムは、だいたい**図1.9**のようなイメージで考えてもらうと私の実感に合います注1.2。

注1.2：ただし、学術的な根拠があって書いているものではありません。

(a) 意味のネットワークが貧弱な状態

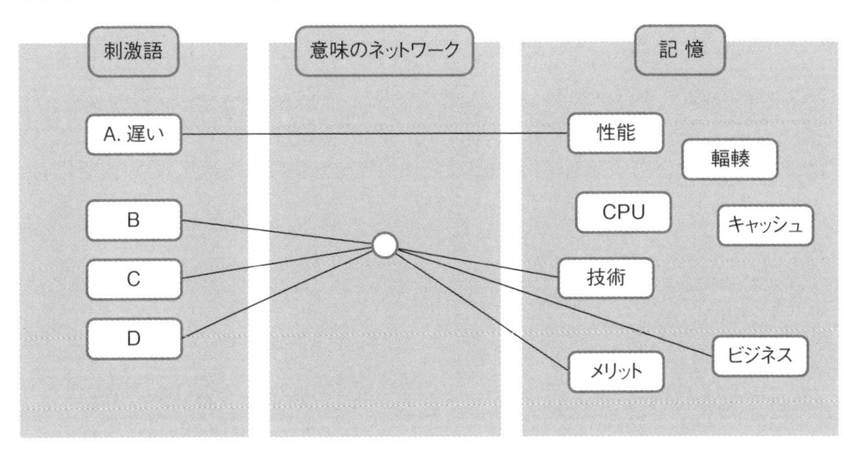

(b) 意味のネットワークが豊富な状態

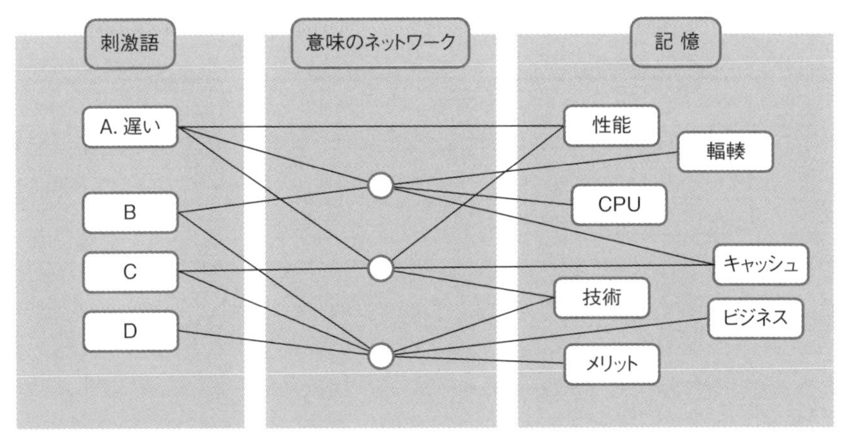

図 1.9：人間の記憶の引き出しメカニズム

人間が何かを「思い出す」というのは、刺激語に対して記憶の中から想起語を引っ張り出す現象です。

例えば「遅い」という言葉を聞いて「性能」を連想した場合、刺激語が「遅い」で想起語が「性能」です。**図 1.9**-(a)の中で「刺激語」と「記憶」の間に「意味のネットワーク」という空間がありますが、ここには実際にネットワーク状につながっていると思ってください。

「思い出せない」というのは、「記憶にはあっても意味のネットワークが貧弱」という状態です。(a)の図では「輻輳（ふくそう）」「CPU」「キャッシュ」という言葉は記憶にはあっても意味のネットワークがないのでどの刺激語からも連想できません。逆に「技術」や「ビジネス」はB、C、Dのどの刺激語からでも連想できます。これが「意味のネットワークがある」状態です。意味のネットワークを育てて**図1.9**-(b)のようになると、1つの言葉をいろいろな切り口から想起できる（思い出せる）ようになります。

「分類ラベル」を自由に使えるようになるためには、「意味のネットワーク」を育てなければならないわけですが、そのためには「1つの言葉を別な切り口から何度も使う（思い出す）」ことが役に立ちます。月曜日には「遅い」という刺激語から「キャッシュ」を想起できなかったとしても、翌日「メモリ」という刺激語を見れば思い出せるかもしれません。そうすれば、「そういえばキャッシュが足りなくて遅くなることもあるから、昨日の答えはキャッシュでいいんじゃない？……」と気が付きます。これで、「遅い」「メモリ」「キャッシュ」の3語がつながる意味のネットワークができます。

要するに、「多様な刺激語を切り口にして記憶を引っ張り出す」ことが大事なわけです。そのためにも「3分考えて」ダメだったら忘れましょう。

分類ラベル・単純ラベルの両方を付けるべきか？

ラベルには分類ラベルと単純ラベルの2種類があると書きましたが、絶対にどちらも必要であるということではないので、たった3項目でそれぞれ10文字しかないような箇条書きにまで、両方のラベルを必死に付けようとする意味はありません。

コミュニケーションというのは必要な相手に通じさえすればいいので、どの程度やれば十分かを見極めていれば、何が何でも全部やらなくてもいいのです。

「確認」を入れる

もう1つ、相手に面と向かってしゃべりながら説明する場合に重要なのが、「確認」を入れることです。

学生時代の学校の授業を思い出してもらうとよいのですが、人間は他人の話をずっと聞いていると頭が働かなくなり、しばしば眠くなります。また、口を挟む機会がないとストレスを感じやすいので、その機会を作るためにも、単にYES/NOを尋ねるだけでもいいので、質問をして答えてもらうことが有効です。なお、この「確認」はコンテンツではなく、デリバリーに関する技術の1つです。

COLUMN

判断をするための基準を知ることが大事

建設業大手の情報システム部門・経営企画部門・内部監査部門の管理職をされてきた伊藤さん（仮称）にお話を伺いました。

■ ■ ■

――伊藤さんは大企業の社内SEとして自社向けのシステム構築運用や企画提案をされてきた経験が豊富だそうですが、特に経営者向けに提案や報告をする時のコツのようなものはありますか？

伊藤：エンジニアとは知識と意識のギャップがあるので、そこをどう埋めるかには気を使いますね。経営者層に対しては彼らがわからないことを長々といわないこと、相手の知りたい点にフォーカスしてズバッと結論をいうこと、そこに食いついてきたら詳しい話をすること、これはいつも気を付けています。

――「相手の知りたいこと」が何なのかは、どうやって知るのでしょうか？

伊藤：システムはあくまでも仕事を回すための道具ですから、会社のビジネスそのものがどう回っているのかという理解は絶対に必要ですね。そこで1つ役に立つのが会計的視点。何も会計士の資格を取れとはいいませんが、基本的な会計の知識を持っておくと非常に有益です。

それからもう1つ、例えばシステム提案をする場合に、判断材料を提供するために、複数の案を比較可能な形に整理して出すことをおすすめします。これは私が以前業務部門長から「本命として推す案も含めて3案ほど、複数の観点からメリット・デメリットを比較して出すようにしてくれ」と要望されて以来している方法です。どう考えてもA案しかありえない、ということがどんなに明らかでもB、C案を付けて比較するんです。そうすると自分の理解も深まるし、相手が判断をするポイントも見えてきます。

――複数案を比較することで2つのメリットが得られるということですか？

伊藤：はい、自分の理解についていうと、比較するためには「比較項目」を出さなければいけませんので、まずその項目を客観視できます。例えば車でも燃費、積載量、車内空間その他いろいろな項目がありますが普段はそれを細かく考えませんよね。比較しようとするとまずどんな項目を見なければいけないかをハッキリ意識できます。そしてそれらをきちんと調べることになるので、細かい違いがわかる。そうすると、今回はＡ案がいいけどもし条件がこう変わったらＢ案のほうがよさそうだな、とかわかってきます。本命のＡ案だけ見ていてもわからないことです。

2点目の相手が判断をするポイントについてですが、比較整理した資料を持って説明すると、質問が出やすいですし、項目ごとにユーザー視点の評価、感想をいってくれます。すると、どの項目をどれだけ重視するか、という感覚が情シスの人間とはやはり違うのがわかるんですよ。そんなコミュニケーションを繰り返していくと、相手の判断基準がだんだんわかってきますから、新しい提案を持っていく時も相手が気にしそうなところがある程度予想が付くようになります。

結局のところ、提案をされたら人は「判断」するわけですから、判断の基準を知らないとよい提案はできません。しかし基準をストレートに聞いても本人も自覚していないこともあります。そこで、細かい判断を何度もしてもらって、その反応から基準を探ることが有効です。比較できる形に複数案をまとめて評価を聞くのは、そのために役に立つわけです。

1.4 上級ビジネスパーソンに話をするための10箇条

ある新興企業へのシステム提案をするチームに入った伊吹君は、経営者相手のヒアリングやプレゼンテーションの機会があると聞いて、少し不安に感じています。そこで、「クライアントの経営者にシステム提案をするとしたら、どんなところに注意が必要でしょうか？」という質問を会社の先輩数人に聞いてみたところ、こんな答えが返ってきました。

経営者向けに説明をする時に気を付ける10箇条

① 経営者層に対しては、彼らがわからないことを長々といったり書いたりすると印象が悪くなる
② 彼らが知りたいことにフォーカスしてズバッと結論をいうべきである
③ そのうえで、食いついてきたら詳しい話をするという流れで行くべきである
④ 食いつきやすいポイントはある程度見極められるはずだから、あらかじめ用意しておくとよい
⑤ システムは何らかの問題を解決するために導入するものなので、「問題」の指摘は必要だが、言葉の選び方が悪いと気分を害される恐れがある
⑥ 適度に間を取ることは大事で、一方的に話し続けずに、要所要所で「ここまでいいですか？」と軽く確認をしてから次に進むこと
⑦「わからないことは、こいつに聞いたら疑問を減らせる」という印象を与えることが大事

⑧ 経営者は、極力自分では仕事をせず、部下に任せたい人々なので、「任せて大丈夫」と判断できる材料を与えることが重要
⑨ 決断を求める場合、案を3つ出して比較できるようにするとよい
⑩ 提案は相手に決めてもらうためにするもの。そのためには、「自分が決めた」という気にさせてあげることは大事。それには、選択肢を与える必要がある

しかし、このリストを眺めていても正直ピンときません。どうしたものか？　と悩んでいると、そこに通りがかった赤城さんはいつものように「分解！　分類！　ラベリング！」とつぶやいて去っていきました。

誰と話をする時にも役に立つ「10箇条」

実は「経営者向けに説明をする時に気を付ける10箇条」は経営者に限らず、誰と話をする時にも役に立ちます。基本的には「話をする相手（ターゲット）をよく理解して説明しよう」ということなので、「ターゲット」に関するノウハウです。ただし、「部下から報告や提案を受けてそれを決裁する立場」にある上級ビジネスパーソン、一般的にはマネジャー、リーダー、課長あるいはそれ以上の職階を示す肩書きを持つ人には特によく当てはまるので、それに該当する「ターゲット」と話をする時は注意しましょう。

とはいえ、すでに書いたように人間の集中力は箇条書きが4項目を超えると激減するため、このように「わかったことを片っ端から列挙した箇条書き」を一度に10項目列挙されてもピンとこないのが普通です。（特に経営者向けに話をする時は、「それではこの10項目について1つずつ詳しくお話ししましょう」といって項目ごとに詳細な説明を始めると確実に失敗するので気を付けてください）。

では、どうすればよいのでしょうか？

相手が使う言葉を知っておこう

「箇条書きが4項目を超えると人の注意力は激減する」ため、10項目もあったらほとんど頭に入りません。そこで、このような場合は「情報を絞り込む」「分解・分類する」「見出しを付ける」ようにコンテンツを作ることが重要です。

それを踏まえて実際に「説明する時に気を付ける10箇条」を書き直してみたものが**図1.10**です。

要 求	障害物	対応策
経営課題を解決したい	自覚していないことがある	課題を明文化してあげる
	評論家的指摘は不愉快	相手の言葉で確認する
	現場でのIT導入議論とはギャップがある	ギャップを埋める説明を欠かさない
任せられる相手が欲しい	状況を理解してくれない	業務知識の習得
	言い訳をされることが多い	逃げない姿勢を示す
	疑問を解消してくれない	経営者の疑問の事前想定
自分が主導権を持ちたい	前提知識に乏しい	使用可能な用語の選択
	関与する余地がない	説明の段取りに注意
	状況把握・立案ができない	比較可能な複数案を出す

図1.10：経営者向けの説明で注意すべきポイント

図1.10では左から右に向かって、経営者が持つ「要求」を明文化し、それを実現する際の「障害物」を明らかにしたうえで、「対応策」を考えるという流れでまとめてあります。

具体的には「10箇条」の5番目を次のように分解してあります。

- **要求**：経営課題を解決したい
- **障害物**：評論家的指摘は不愉快
- **対応策**：相手の言葉で確認する

「経営課題を解決したい」という要求はあっても、それを「御社ではこれができていませんね」というように外部から指摘されると不愉快になることがあります。

一例として私は2011年ごろまで体重120キロを超える肥満体でしたが、だからといって「あなた太りすぎですね」あるいは「あんたデブやね」といわれたら……自分でもそう思っていたとしてもカチンと来たりするわけです。それどころか自分で自覚している「ダメなところ」こそ、他人に指摘されると大いに不愉快になるのが人間というものです。

そこでどうするかですが、こんな時に役に立つのが「相手の言葉で確認する」という方法です。例えばこんな風にいわれたら私もあまり不愉快にはなりません。

「開米さん、以前、太りすぎなのを気にしてましたよね」

ポイントは「相手の言葉を使っている」ことです（**図1.11**）。内容は同じであっても、相手の側から出た言葉であることを確認しつつ使うことによって、相手の心にこんな印象を与えることができます。

この人は私のことを気にしてくれている

あなたが男性なら（女性でも）、「マメな男はモテる」と聞いたことはありませんか？　女性にモテたいなら、こまめにメールに返事をしたり、記念日に贈り物をしたり、ささいなオシャレの変化に気付いて声をかけたりといった努力をこまめにしなさい、という法則です。別に女性に限らず人間は「自分のことを覚えて、気にしてくれている」相手には好意を持つものなのです。

そんな好感を持てる相手から提案があるといわれたら、「私の悩みを解決できるかもしれない。よし、聞いてみよう」と思うのは自然な反応です。ですから、「相手の言葉で確認する」のは効果があるわけですね。

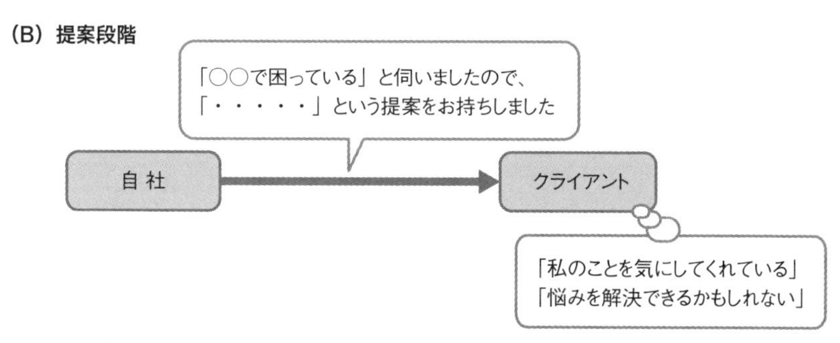

図1.11：「相手の言葉を使う」ことによるメリット

ここでちょっと細かな補足をすると、経営者に限らずたいていどんな人も自分が知らない用語やピンと来ない言い回しで説明されることを嫌うものです。

「相手の言葉」を使えばそれを避けることができるだけでなく、「私にわかるように説明しようとしてくれる人だ」「私の要望を聞いてくれそうだ」という印象まで与えることができます。また、この話はIT技術者が会社向けにシステム提案をする場合なので、**図1.11**の（A）にある「事前ヒアリング」の相手は経営者ではなく業務責任者などでかまいません。

ただし「困っています」という話を引き出すためには、その時点である程度の信頼が必要です。システム提案をするような場合、**図1.12**に示すように大まかに「信頼構築」「ネタ集め」「立案」「提案説明」という4段階の作業が必要ですが、「説明」は最終段階なので、その前の3つがあってはじめて成り立ちます。つまり、「説明」というのは単なる「話す／書く技術」ではありません。ひたすら「しゃべる練習」をすれば説明が上手になる、とは思わないでください。

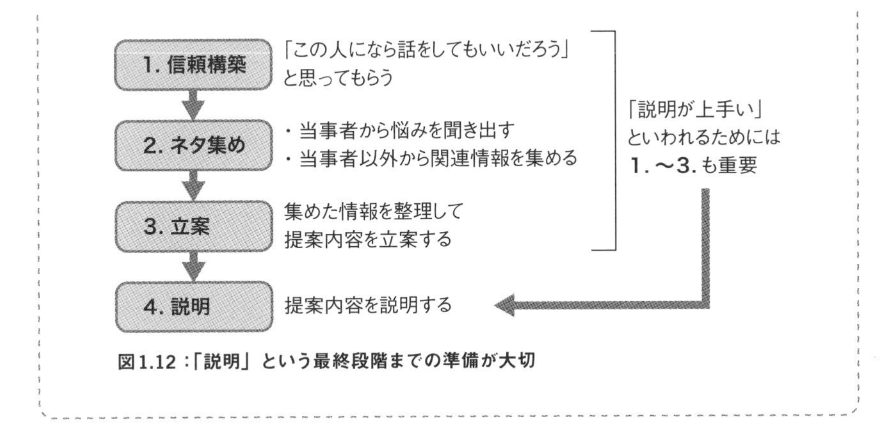

図1.12 :「説明」という最終段階までの準備が大切

構造化により2種類のフレームワークを見つけよう

ここでいったん、「10箇条」から**図1.10**の間に何をやったかを振り返るために**図1.13**を見てください。

「10箇条」はもともと私がIT業界の人々に聞いて得られた「生情報」でした。それを構造化して作ったのが**図1.10**です。このような図表は「構造化」して作るものなので、私は単に「図解」と呼ぶよりも「構造化チャート」と呼ぶことが多いです。なお、「チャート」は単に図解を言い換えたものなので、「構造化図解」と呼んでもかまいません。

構造化チャートで大事なのは文字通り「構造」を見つけることであり、「構造」を簡単にいうと「意味のある順番」のことです。例えば

- **文1**:「要求」を実現するうえで「障害物」となるものについて「対応策」を考える
- **文2**:「要求」を実現するために「対応策」が必要なのは、「障害物」が存在するからだ

という2文を比較してみると、文1のほうが自然に読めることでしょう。通常、「対応策」は「障害物」に気が付いてからそれを乗り越えるために考えるものなので、「要求」→「障害物」→「対応策」の順に書くのが自然なの

ですね注1.3。

そして「構造」にも大まかに汎用フレームワークと領域固有フレームワークの2種類があります注1.4。

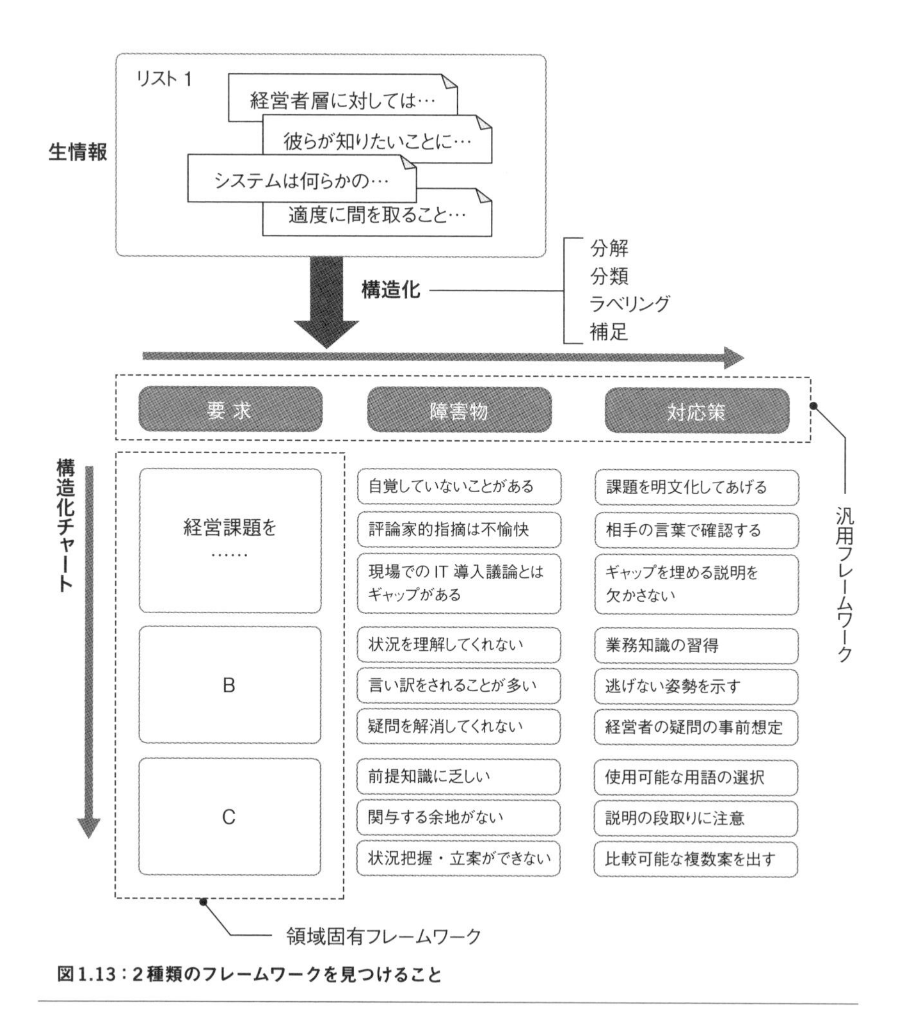

図1.13：2種類のフレームワークを見つけること

注1.3：この話はある種の因果関係をたどる思考ロジックの問題であり、言語表現の問題ではないので、使う言語にかかわらず共通です。同じことを英語と日本語では逆順で表現するような場合も多々ありますが、この構造化の議論においてはその差は関係ありません。

注1.4：「フレームワーク」は「構造」や「パターン」を言い換えたもので実質同じ意味と思ってもらってかまいません。フレームワークと呼ぶほうが、「何度も応用できる、同じ考え方の枠組み」という意味を伝えやすいので、ここではフレームワークのほうを使っています。

汎用フレームワークと領域固有フレームワーク

「汎用フレームワーク」というのは**図1.10**では「要求」「障害物」「対応策」の部分で、このパターンは「経営者向けのシステム提案」でなくても応用が利きます。つまり、扱う問題領域に関係なく出現するパターンが汎用フレームワークです。

一方、「領域固有フレームワーク」は**図1.10**では「経営課題を……」以下の部分で、このパターンは「経営者向けのシステム提案」の場合に限って成立します。つまり、扱う問題領域を限定して出現するのが領域固有フレームワークです。

構造化というのは、汎用と領域固有の2種類のフレームワークを発見する作業です。どちらのフレームワークにしても、「同じあるいは似たパターンが違う領域で何度も出てくる」ため、見つけるにはある程度の熟練、経験が必要です。すでに出た「要求」「障害物」「対応策」というフレームワークも、いわれてみればそう整理できることを理解するのは難しくありませんが、自力で「10箇条」をそのパターンで構造化できることを発見するのは相当に難しいはずです。しかし、あなたは今すでにこの本を読んで、このパターンがあることを知っています。知っているものを記憶から引き出して使うのは、ゼロから見つけるよりもはるかに楽です。

ただし、知っているものを使うといっても、単に「一度読んだことがある」だけではほぼ使えません。何度か実際に使ってみないとピンと来ないのが普通です。したがって、自分が楽に使える「フレームワークの引き出し」が増えるまでは、ある程度の「熟練と経験」が必要なのです。

構造化の作業そのものはきわめて単純な分解・分類・ラベリング

構造化をする、という作業そのものはきわめて単純な分解・分類・ラベリングの繰り返しです。既出ですが「10箇条」の5番目は**図1.10**では以下のように整理されました。

- **要求**：経営課題を解決したい
- **障害物**：評論家的指摘は不愉快
- **対応策**：相手の言葉で確認する

つまり、5番目の文を3つのパートに「分解」し、それぞれに「要求」「障害物」「対応策」という見出し（ラベル）を付けている（ラベリング）わけです。見出しを付けるというのは「分類ができている」ということです。**図1.10**を見ると「要求」の下に3項目、「障害物」の下に9項目の情報があるのがわかります。つまり分類されているわけです。

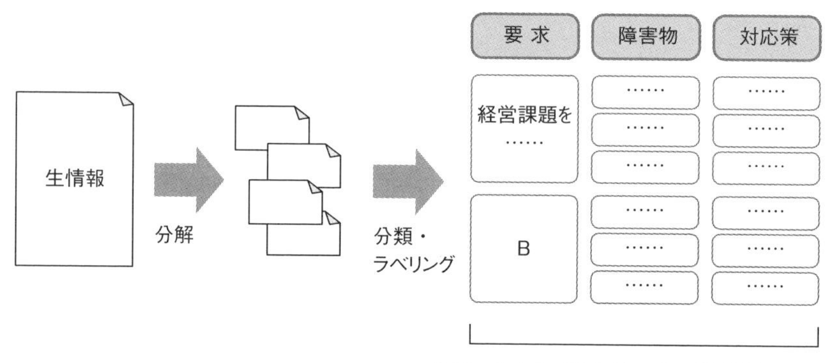

図1.14：分解・分類・ラベリング・補足

図1.14に示すように、生情報はまず「分解」することが大事で、そのうえで「分類・ラベリング」をします。分類とラベリングはどちらが先ということはなく、両方を行ったり来たりしながら考えるのが普通です。分類・ラベリングを経て構造化チャートを作ると、たいていそこにさまざまな情報の誤りや過不足があるのが見えてきます。そこでそれを「補足」します。実際、**図1.10**をあらためて見てもらうと、「10箇条」には出てきていない言葉が多数あることに気付かれるでしょう。それが「補足」した部分です。

「生情報」はいろいろな人が体系的に整理せずに書いたり話したりした雑多な情報なので、誤りも過不足もあるのが普通です。したがって適切に「補足」することが非常に重要なのです。

単純だからこそ難しいのが構造化

繰り返しますが、構造化の作業そのものは表面上きわめて単純な分解・分類・ラベリングの繰り返しです。しかし、だからといって簡単なわけではありません。これは一種の語学のようなもので、使えるようになるためには実際にやり続けて習熟をする必要があります。しかし、これこそが「説明上手」になるために決定的に重要なことなので、なんとしても乗り越えてください。

それでは、再び経営者向けの説明で注意すべきポイントの話題に戻りましょう。**図1.10**の各項についてひとつひとつ補足します。

大まかな流れは「経営課題」「任せられる相手」「主導権」

まずは**図1.10**の「要求」欄の流れを確認しましょう。

経営者（上級ビジネスパーソン）は「経営課題を解決したい」と考えています。しかしその解決は自力ではできませんので、「任せられる相手」を探しています。ただし任せるといっても「自分が主導権を持ちたい」という意識がどうしてもあることには注意が必要です。

したがって、話の流れとしては、

- 自分が相手の経営課題を理解していることを示し、相手が自覚していない場合は気付きをうながす
- 自分にその課題を解決する能力と意志、提案があることを示す
- 相手を尊重する姿勢を持っていることを示す

という3つのポイントを押さえておくべきです。

経営課題を解決したい

経営者（上級ビジネスパーソン）は「経営課題を解決したい」と考えている人々ですから、そこに答えることができれば支持が得られます。しかしそれに当たっての障害がいくつかありますので、それぞれの対応策とともに整理しておきましょう。

障害：課題を自覚していないことがある

そもそも何が経営課題なのかを当人が自覚していないケースは少なくありません。例えばECサイトを運営しているとして、売り上げを増やしたいのか運用コストを減らしたいのか、それとも両方なのかなどなど、狙いが定まっていない場合です。課題認識にブレがあると、経営者からの指示／要望がその場の思い付きでコロコロ変わりやすく、開発部隊がそれに振り回される結果を招きます。

そこで、課題を明文化するところからかかわる必要がある場合もあります。こうなるともはやSEの仕事よりもコンサルティングに近い領域であり、説明力というよりは問題解決能力が必要とされます。

障害：評論家的指摘は不愉快

すでに触れた項目ですが、課題を認識してはいても、それを他人に指摘されるのは腹が立つ、というケースがあります。非論理的な話ですが、人間は感情を持つ動物ですのでこの点への配慮も無視するわけには行きません。

対応策としてはすでに書いた通り「相手の言葉で確認する」という方法が使えます。

障害：現場でのIT導入議論とのギャップ

現場レベルでは合意が取れていても、経営レベルで必要性が伝わらないために予算が出ないというケースも少なくありません。セキュリティやバックアップのようなテーマについて経営者レベルではその必要性がなかなか理解されず、承認を取るのに苦労するという話をよく聞きます。

対応策としてはそのギャップを埋める説明を欠かさないことです。

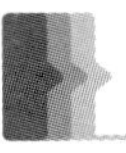

任せられる相手が欲しい

零細企業なら別ですが、経営者は基本的には自分で実務をする人間ではありません。「仕事は誰かに任せたい」というのが経営者の考え方です。しかし、「任せる」というのは不安なものです。そこで、「この人になら任せても大丈夫だろう」という安心感を与える必要があります。

その安心感を与えるために大事なのは、「不安」をもたらす下記のような障害要因を知って対応することです。

▶ 障害：状況を理解してくれない

ここでいう「状況」とは、相手方の会社の業務を指します。システムは何らかの業務で生じている問題を解決するために必要なものなので、業務を理解していないと解決はできません。

そこで、「このエンジニアは本当にうちの会社の業務をわかっているんだろうか？」という不安を解消してあげることが重要です。会計システムを導入しようとする時にあなたがアピールすべきなのは、C#やJavaやPHPの能力ではなく、会計および会計システムの知識がありますよ、ということです。

▶ 障害：言い訳をされることが多い

経営者に限りませんが、「言い訳が多い者には仕事は任せられない」と考えるのが普通です。任せるなら、「少々トラブルが出てもへこたれずに逃げずに取り組む姿勢がある」人ですので、自分はそんな人間である、ということを示します。

ただ、実際に「逃げずに取り組む」人間かどうかは、本当にトラブルに直面した時にしかわからないので、事前に取引関係がない状態で説得力を持ってこれをアピールするのは難しいですが、少なくとも知識ではなく姿勢が問われているのだということは知っておきましょう。

1
2
3
4
5

障害：疑問を解消してくれない

経営者はさまざまな疑問を持つもので、その疑問を解消してくれないと不安が残ります。こんな例を考えてみてください。

疑問： うちの業務にはこの程度のスペックのサーバーで間に合うのかね？

回答A： 間に合います。私が保証します。

回答B： 間に合います。というのは、御社と同程度のユーザー数を持ち業務的にも似た他社において、十分稼働している実績があるからです。

どちらのほうが、より「信頼が置けそう」な回答でしょうか。ほとんどの方はBと考えるでしょう。Aは口先だけでもいえますが、実績を知っていないとBのようには答えられません。経営者の質問に対して即座にBの回答ができると、「ああ、うちに近い事例をちゃんと調べてきたんだな」という印象も与えられます。

したがって、この障害をクリアするためには、経営者がどんな疑問を持ちそうかを事前に想定し、それに対する回答を極力用意しておくことが効果的です。

自分が主導権を持ちたい

経営者といっても、企業規模や本人の性格によって大きく違うところですが、「自分が主導権を持ちたい」という意識への配慮はしておくべきです。

自分がお金を出して自分が使うものを作ってもらう以上、自分の思うようにしたい、という意識が働くのは当たり前の話ですから、そこは考えておかなければいけません。もちろん、技術的に不可能なことはありますし、不合理な注文を聞くべきではありませんが、それはそれとして、「口出しする余地がない」という印象を与えないように配慮すべきです。

障害：前提知識に乏しい

ユーザー企業の経営者は、自社の業務は知っていたとしてもITの知識は乏しいのが普通ですので、IT専門用語を多用して説明すると技術者側に悪気はなくても疎外感を味わいやすいものです。

そこで、使う用語を注意深く選んだり、用語集を用意したり、専門用語には脚注を付けたりといった配慮をします。

障害：関与する余地がない

単に「説明」を聞かされるだけで、自分が「判断・決定」をしたり、「意見をいう」機会がなかったりすると、人は自分の意思を尊重されていないという感覚を持ちやすいものです。説明の途中で「ここまでよろしいですか？」といった確認を求めるだけでもこの点の対応ができますが、できればもっと参加意識を持たせるような配慮をするべきです。次の項目とも合わせて考えてください。

障害：状況把握・立案ができない

ある大企業の情報システム部門PM（プロジェクトマネジャー）はある時、業務部門の長から「提案する時は、本命として推す案も含めて3案について複数の観点からメリット・デメリットを比較する形で出してくれると理解しやすいのでそうしてくれ」といわれたそうです。

当のPM氏は、情シスの人間にとっては考えるまでもなくわかるようなボツ案を提案書に書く意味を感じていなかったそうですが、業務部門にとってそれは常識ではないため、やはり書く必要があったわけです。

そもそも、人間は「似ているけれど違うもの」について、その違いを比べて理由を考えることを手がかりに、さまざまな知識を得ていくものです。例えば、ダックスフンドとシェパードは同じイヌという種ですが体形が違います。それはもともとそれぞれの用途に合わせて品種改良されたからで、用途が違えばまた別な犬種が向いている、ということが「比べることによって」理解できます。

したがって、業務側、ユーザー側に対してITの理解を得るためには、「比べられるように」説明しなければならず、そのためには「本命以外の案も書く」ことが必要だったのです。

そして、要望通りに「本命以外も含めて3案比較」の形で提案を書くようにしたところ、こんなメリットがあったそうです。

- 自分の理解があいまいな部分に気が付くので、技術者側にとっても勉強になる
- 他案と違う部分について相手のほうから質問ができるので、「一方的に説明を受けている」感覚を相手が持たずに済む
- 結局のところ本命に落ち着くにしても、他案も含めて理解して自分で選んだという感覚を相手が持てる

つまりこれは「関与する余地がない」という障害の解決にも役立つ方法だったのです。

1.5 場面に応じて「ターゲット」を分析する習慣を持とう

伊吹君は、農業向けIoTシステムの提案書の一部を書くことになりました。

担当部分について書いたところで赤城さんに見てもらうと、1ページ目からダメ出しが入りました。

当システムをプラットフォームとすることにより、ゲートウェイを通じて多様なエッジデバイスが計測するデータを収集し、対象フィールドの環境情報をリアルタイムで把握することが可能です。

「伊吹君、この説明だけど、読者は何をしている人だと思う？」

「え……農業関係者ですよね。農協、農業試験場、農家、農機販売会社とかの……」

「その人たちに、エッジデバイスっていう用語が通じると思う？」

用語選びのために「ターゲット」を分析する

専門知識のない相手に説明する時、どんな用語を使うかは常にIT技術者の頭を悩ます問題です。不要な専門用語はできるだけ減らしたほうがよいものの、一切使わずに書くのも不可能です。そこで重要になってくるのが、「ターゲット」の分析です。

一例として以下のような項目について想定をしておきます。

相手はどんな人か

「農業関係者」「農協、農業試験場……」のような部分が該当します。もちろん、農業関係者といっても農業一筋60年の高齢者もいれば、農学部を出て農業試験場で研究員をしている若者も含むため、細かく列挙し始めるとキリがありませんが、典型的なターゲットの像をいくつか想定しておきます。

特に、「現場」側の人間か「スポンサー」側の人間かは区別しましょう。「スポンサー」側に対して話をする時は、細かい情報をだらだらと語るのではなく、極限まで圧縮した要点だけを語ることが求められます。

通じる用語／通じない用語は？

まず、その相手に通じそうな言葉、特に本人が普段使っていそうな言葉を列挙します。

そして次は逆に、説明の中で必要なのに通じそうにない言葉を列挙します。これをしておくと、提案書などの書類や口頭で説明する際にうっかり注釈抜きで使ってしまう事態を防げます。人間は自分の知らない用語を連発されると不快感を覚えやすいので、この配慮が必要です。

何よりも防がなければいけないのは、「この人は自分にわかるように説明する気がないんだ」と思われることです。「わかるように説明しようと努力している」ことだけでも通じれば、たとえ難しすぎて理解されなかったとしても、致命的な不快感を与えることはありません。

多くの人は、「無視される」「放置される」ことを最も嫌います。だからこそ、「あなたに配慮していますよ」という姿勢を伝えることが重要で、そのためには「通じない用語」への配慮をしなければならないのです。

どんな関心を持っている？

相手が関心を持っていることに関連付けて話をするほうが通じやすいので、普段関心を持っていそうなことを想定しておきます。農業者であれば天候や病害虫、市場価格には関心があるでしょうし、飲食店主ならば来客数を左右する要因やアルバイトの勤怠管理には関心があることでしょう。

説明の趣旨であるシステムには直接関係のない情報だったとしても、雑談の話題として軽く触れると日頃の苦労話を語り始めてくれることがあります。人間は自分の苦労話を語った相手には好感を持つことが多く、また、その話を聞いてくれた相手に対しては、「この人には私の（当社の）ことを理解しようとしている」という印象を持つこともあるため、信頼を得やすい効果があります。

▶どんな価値観を持っている?

「価値観」と「関心」は似ているようで少し違います。「価値観」は相手が実現したいと願っているもの、「関心」はそのために気を配っていなければならないもの、と考えてください。

例えば、レストランの主人にとっての価値観が「お客様においしい食事と楽しい時間を提供すること」だとして、関心事は「仕入れる食材の値段と鮮度とバリエーション」であるようなものです。特に「画期的な提案」をする時は、相手の価値観に合う提案であるほど受け入れられる率が高まります。

▶どんな状態にしたいか?

これは、「説明をすることによって相手をどんな状態にしたいか」です。顧客への「提案」であれば承認が欲しいでしょうし、社員への「技術教育」であれば理解してほしいでしょうし、就活中の大学生への会社紹介であれば「会社に好意を持ってもらう」ことが望ましいでしょう。

要するに「説明をする目的を明確にせよ」ということです。目的がハッキリしていないと、無駄なこと、あるいは有害な話さえしてしまいがちです。

COLUMN

相手の情報ニーズを把握してレポートを出す

運輸関係の大手企業で運輸市場とRFID（電子タグ技術）等、いくつかのテーマの市場調査にかかわる森下さん（仮名）にお話を伺いました。

■ ■ ■

――2つの領域で市場調査をしていて、同じ調査といっても違うなあと感じることはありますか？

森下：そうですね、そもそも調査に対するニーズが違うというのはあります。例えば運輸市場というのは、要するにやっていることは人や物を運ぶことで、その意味では100年前も今も変わりません。そこで、調査へのニーズは主に値段と量です。昨日まで100あったものが今日はいくらになったのか、明日はいくらになりそうなのか、90なのか110なのかを知るのが課題です。一方、RFIDのほうは日々新しい技術と新しい用途が開拓されているので、運輸市場に比べると、0が1になる部分への情報ニーズの比重が大きくなりますね。

――RFIDのような新しいものが出てくる分野での「調査のニーズ」はどのように把握していますか？

森下：それは普段現場の技術者とおしゃべりをする中で、彼らが必要としそうな、興味を持ちそうな情報がわかります。0が1になる部分というのは「RFIDチップのサイズが0.5mmを切った」→「薄い紙にでも組み込めるよね」→「薄い紙を流通させる分野って例えば何？」といった具合に、ちょっとした事実から発想を広げることでテーマが出てくることが多いので、ミーティングだけでなく休憩中の雑談もかなり重要ですね。

――情報のまとめ方について何か思うことはありますか？

森下：市場調査レポートを書くようになってわかったのは、「事実、可視化、意味あい」の3要素を意識する必要があるということです。「事実」というのは、例えばガソリンの値段をずっと記録していったものがあれば、何月何日にどこでいくらだった、というその数字の並びが「事実」です。しかし人間は数字の並びだけではよくわからないので、わかりやすくするにはグラフを作ることが多いですよね。それが「可視化」です。さらに、「ガソリン価格は原油価格の変化に1カ月遅れで連動する傾向がある」といった判断を下したり、「明日の値段は上がるだろう／下がるだろう」という予測をしたりするのが「意味あい」です。

この3要素の何が求められているのかを認識して対応する必要がありますね。単にデータが欲しいという場合はデータを渡せばそれで終わりですが、意味あいが必要な場合は、データだけでなくロジックまで含めて可視化する必要があります。可視化の方法も数値に使うグラフだけでも何種類もありますし、定性情報ならマトリックス、ロジックツリー、フローチャートや場合によってはイメージイラストを使うこともあります。何が求められているのか、相手の情報ニーズをよく把握して工夫する必要がありますね。

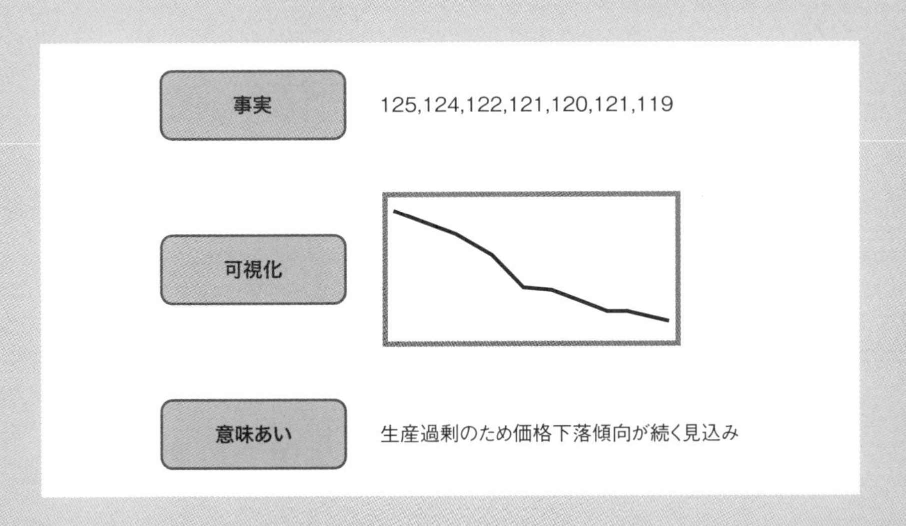

業務専門家向けに仕様説明をする場合

何らかの業務に用いるシステムについて、ユーザー企業の業務専門家に仕様説明をする場合、相手の立場は**図1.2**でいう「現場」と「スポンサー」のどちらの場合もありえます。業務専門家というのはもともと「現場」の人間ではありますが、昇進して職位が上がるとだんだん現場から離れて「スポンサー」側になっていくわけです。

現場では細かい情報を把握しなければなりませんが、スポンサーにはそれは不要です。したがって、実際にはどちら側の人なのかに応じて、説明の詳細度を変える必要があります。

デベロッパーイベントで技術解説をする場合

あなたが何らかの新技術のエバンジェリストで、一般公開されるデベロッパーイベントで技術解説のプレゼンテーションをする場面を考えましょう。

この場合、相手はシステム開発者が多いと思われるため、新技術特有の用語を除けば、一般的なシステム用語は通じると考えていいでしょう。関心事項は大まかにいって

- 実際の導入事例
- 新技術がどんな状況で役に立つのか？（既存技術と比べた時の長所／短所の整理）
- 活用のポイントとなる考え方（ソースコードなども含む）

の3点です。このうちのどこへの関心に答えるかを考え、それに応じてコンテンツを用意しなければなりません。

次の「社員を対象に新技術の教育をする場合」に似ていますが、対象者はエンジニアであっても中級以上の場合が多く、「スポンサー」側の立場の人物も含まれると考えられるため、**図1.2**でいう「作業計画」はあまり必要ないと思われます。

社員を対象に新技術の教育をする場合

実のところ多くのIT技術者にとっては、デベロッパーイベントで話をする機会よりも、自社の社員に技術教育をする機会のほうが多いことでしょう。この場合、相手は下級エンジニアも含む「現場」の人間であり、関心事項は基本的にデベロッパーイベントの場合と共通ですが、より実務者側のニーズが強くなると思われます。

実務者側のニーズが強いというのは、「作業計画」の必要性が高まるということです。実際にソースコードや設定ファイルを書いて動かしてみよう、というのが「作業計画」段階の話題です。

また、「自社の社員に技術教育」をするのであれば、実際にやれるようになってもらわなければなりません。公開のイベントでプレゼンテーションをする時なら「なんだかすごそうだ。やってみよう」と思ってもらうだけでもいいのですが、技術教育なら「自分でやれる」ようになってもらわないと仕事を任せられません。

「自分でやれる」ようになるために欠かせないのは、

「やってみて、上手く行かずに考え込み、仮説を立てて解決する」

という経験を積ませることです。したがって、「上手く行かない、わからない」という場面を作る必要があることに注意してください。

技術教育をする時は「わかりやすければわかりやすいほどよい」とは限りません。人は落とし穴にハマって抜け出すことを通じて学習するものです。「失敗せずにできるように」と落とし穴を排除しすぎると、その機会を失います。手頃な難易度の落とし穴があるような実習課題を用意しておく必要があります。

オペレーター向けに操作教育をする場合

システムを利用して定型的業務を行うオペレーターへの操作教育をする場合は、より「作業計画」の色が強くなるため、「こういう場合はこうする」という手順を示す業務マニュアルを作っておくことがカギになります。

一方オペレーターは、「こういう仕事をしなさい」と指示されてそれを行う立場であり、「やらない」という決定権はありません。そのため、相手の価値観へ気を使う必要は基本的にありません。

学生向けに会社紹介をする場合

就職活動中の学生に会社紹介をする場合、目標は「優秀な学生に、自社への好感を持ってもらうこと。そしてできれば入社を志望してもらうこと」です。

そのためには学生に対して「会社の魅力」を伝える必要があります。人間は自分の価値観に合うものに対して魅力を感じるものなので、価値観を想定して、それに沿った話をする必要があります。例えば、次の3つの価値観は矛盾するものではありませんが、別物といえます。

- **挑戦志向：**最先端の研究開発をしたい、世界に通用するプロフェッショナルになりたいなど
- **家族志向：**和気あいあいとした職場で楽しく仕事をしたいなど
- **見ばえ志向：**世間に自慢できる、合コンでモテるような会社で仕事をしたいなど

人によって価値観はさまざまですし、これ以外のものもあるでしょう。挑戦志向の人間と家族志向の人間が魅力を感じるポイントはまったく違うので、どんなタイプの人材に来てほしいのかを考えて、それに見合った話をしなければなりません。

まとめ

重要なことなので繰り返しますが、第1章のまとめとしてぜひ記憶にとどめてほしいのは「分解／分類を徹底する」ことです。1.3節で触れた「1日3分・3行ラベリング」だけでも実践してもらうと、説明力は少しずつ上がっていきます。そのうえでもう1段上を追求したい場合は、続く第2章〜第5章へ進んでください。

第2章では「プレゼンテーション」という言葉についてのよくある誤解と実際について述べます。「プレゼンテーションとは、人の心を動かし、行動を起こさせることを目的に行うものである」というありがちな解釈に疑問を持ったことのある方は第2章をご覧ください。プレゼンテーション用のスライドでも業務マニュアルでも、分野は何であれ「コンテンツ」を作るのが苦手な方は第3章を、大勢の人前に立って話をするためのノウハウに興味がある方は第4章を、特に複雑なコンテンツをわかりやすく整理する構造化／図解の事例を見てみたい方は第5章をご覧ください。

どの順序で目を通しても特に大きな問題はありませんので、興味がある／必要としている章から読まれることをおすすめします。

第2章

「プレゼンテーションの種類と段取り」

どんなスキルも、単に場数を踏むだけでは上手くなりません。短期間で上達したいなら、そのための基礎的な技術やノウハウを知識として知ったうえで実践しましょう。

この章では、プレゼンテーションといっても数種類の型があることと、その準備のためのベーシックな段取りについて解説します。

2.1 「説明上手」になるために必要な「知識」はごく少ない

伊吹君は赤城さんと一緒に、ある会社の製品紹介セミナーに来ています。

機能的にはとても興味深い製品で、自社での採用を提案したいと考えた伊吹君はこまめにメモを取りながら聞いていました。と、その時

「このプレゼンはイマイチだなあ……」

と赤城さんがつぶやくのが聞こえました。そうはまったく思っていなかったので驚いた伊吹君は、帰り道の途中で赤城さんに聞いてみました。

「あのプレゼンがイマイチだったというのは、どういう意味ですか？」

「ああ、製品は面白いんだけど、話すのが下手だったってこと」

「そんなに下手でした？　僕にはそうは思えなかったんですが……」

「そう思えなかったとしたら、プレゼンテーションの技術を少し勉強しておくといいよ。いずれ役に立つから」

そういわれてみると、確かにプレゼンテーションの技術というものを学んだ記憶はありません。でも、口下手な自分でもできるようなものなのだろうか……そう、不安な気持ちがよぎった伊吹君に向かって赤城さんはいいました。

「大丈夫、覚えなきゃいけないことはすごく少ないから！」

人前で話す技術を学ぶ

「人前で話すのは得意です」という人は決して多くありません。特に技術者であれば、得意だという人は100人に1人もいないことでしょう。実際、私にとってもIT技術者を始めた理由の2番目ぐらいに「コンピューター相手の仕事であれば人と話をしなくていいから気が楽」だということがあるほどです。私もそもそもしゃべるのは苦手だし、まして大勢の前でしゃべるのは勘弁してくれ、という人間でした。

そんな風に「苦手」と思ってそれを避けていると「技術を知ることができない」ので上達せず、上達しないので上手くできずにますます苦手意識が強まるという悪循環が起きます。

しかし実は、「人前で話す」ために必要な「知識」はきわめて少ないので、本気で学ぶつもりでやれば意外に簡単に身につきます。

語学習得なら1万語の知識が必要だが……

英語の新聞を苦労せずに読めるようになるにはざっと1万語程度の単語を知っている必要があります。あるいはプログラミングを初めとするシステム開発にも膨大な「知識」が必要です。

ところが、「人前で話す」ことに関して、少なくとも初心者を脱して中級の域に達するために必要な「知識」はどう多く見ても100項目はありません。私がプレゼンテーションの勉強会などを開催する時に指摘するのは多くて50項目ぐらいです。しかも、その中の10項目ぐらいを押さえておくだけでもまるで違って見えますし、それらは何年たっても変わらないものばかりです。

したがって、「人前で話す技術」は本気で学べばほんの数日であっという間に上達します。多くの人は単に「知らないからできない」だけなのです。まともに学べばほんの数日で上達する技術を「苦手だから」と避けて通るよりは、最低限のことはできるように知っておいたほうがよいでしょう。

ところが、学んでいるつもりでもなかなか成果が上がらない場合もあります。それはなぜなのでしょうか？

技術を磨くためにはまずは「知識」が必要なもの

ある時、私の友人が「プレゼンテーションが上手くなりたい」と考えて、有志を集めて相互に研鑽（けんさん）し合う練習会を開いていました。しかしそこに私も参加してみたところ、運営スタイルに少々問題がありました。

というのも、プレゼンテーションの技術そのものに対するフィードバックがほぼ存在しなかったのです（**図2.1**）。

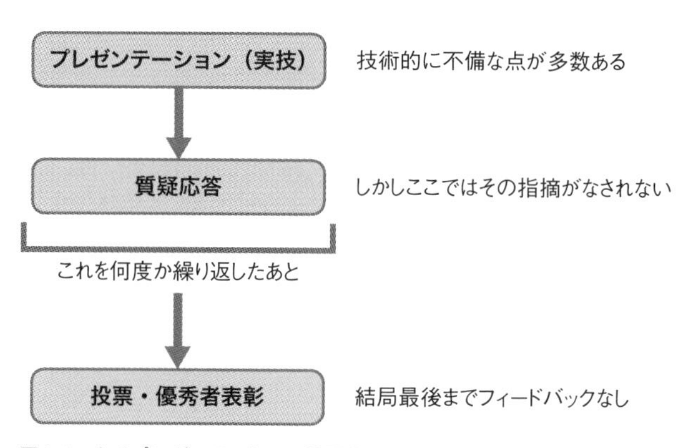

図2.1：あるプレゼンテーション練習会の流れと問題点

フィードバックというのは、「ここはいい」「ここはダメ、こうしてみよう」といった、聞き手からのコメントです。よいフィードバックがあると上達が早いのですが、その練習会でのフィードバックの機会は「各自のプレゼンテーション後の質疑応答」と、「全員のプレゼンテーション終了後の投票」の2種類だけ。質疑応答ではプレゼンテーションの技術よりも内容に関する質問に話が集中し、投票は1位を決めるだけなので、どちらにしても「改善提案」は得られないものでした。

プレゼンテーションの3つの要素

一般に、プレゼンテーションには3つの要素があります（**図2.2**）。

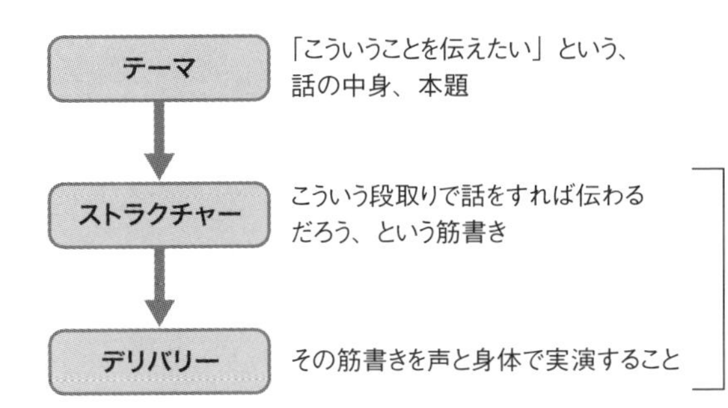

図2.2：プレゼンテーションの3要素

「テーマ」は伝えたい話の中身や本題です。「ストラクチャー」はそれらを伝えるための筋書き、「デリバリー」は実際に人前に立って声と身体で伝えることです。中にはテーマが決まってないのにPowerPointを開いてウンウンうなってしまう人もいますが、普通はテーマを決めてストラクチャーを作り、デリバリーする、という順番で行います。

知られざる「ストラクチャー」と「デリバリー」の技術

ストラクチャーとデリバリーについてはいろいろと「技術」があるのに、それがほとんど知られていないのが現状です。技術を知らないと、人のプレゼンテーションを聞いても技術的な面には注意が向かず、当然指摘することもできません。そのため、フィードバックをしようとしても「テーマ」の話について感想を述べるだけになりがちです。

デリバリーの技術としては、次のような例が挙げられます。

- 聞き手とほどよくアイコンタクトをする
- 聞き手のほうを向いてしゃべるようにする
- ジェスチャーをしたら3秒止めるようにする

詳しくはあとであらためて書きますが、いずれもひとつひとつは単なる「小技」であり、話の本質とはまったく関係のない、小手先のテクニックでしかありません。しかしその「小手先のテクニック」で印象がまったく違ってくるので、明確に言語化して意識しておかなければいけないのです。

多くの人はこれができていません。プレゼンテーションの上手い人を見ても、「上手いなあ」と感心しているだけで、そこにどんな小技が使われているかを分解し、言葉にして意識することがないのです。そのため、下手なプレゼンテーションを見ても「どこをどう変えればよくなるか」をフィードバックすることができません。それでも何か感想を述べようとすると、「あなたがそう考えたきっかけは他にもありますか」といった、内容に関する質疑応答に終始してしまうわけです。

「プレゼンテーションは場数だよ」という人もいます。それは8割方真実ですが、2割足りないところがあります。基本的なテクニックを知らずに、単に場数だけこなしてもなかなか上達しないのです（**図2.3**）。

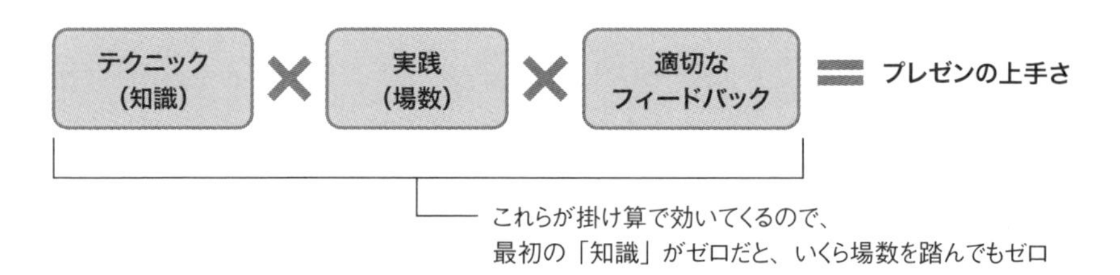

図2.3：「プレゼンテーションは場数である」の本当の意味

どんな分野でも、ある程度の知識は必要です。プレゼンテーションにも基本的な技術というものが存在するので、それを明確に意識して練習すると、あっという間に上達します。単に場数だけ増やしてもなかなか効果が出ない、ということに注意しておきましょう。

2.2 「プレゼンテーション」の定義とは？

伊吹君はプレゼンテーションの技術について知るため、「プレゼンテーション」と「技術」「コツ」「ノウハウ」といったキーワードで検索して見つかったページをいくつか読んでみました。すると、そのいくつかで共通して出てくる、あるフレーズが気になりました。

> プレゼンテーションの目的は、相手の心を動かし、行動を起こさせることだ

「プレゼンテーションというのは単に人前に出て話をすること」くらいの意識しかなかった伊吹君にはピンと来ませんでした。少なくとも、中学高校や大学でも、学校の授業では心を動かされることはほとんどなかったように思いますが、あれはプレゼンテーションではないということでしょうか。よくわからなかったので赤城さんに聞いてみると、

「ああ、それはプレゼンテーションの狭義の解釈だね。実際はそうじゃないプレゼンテーションもあるし、あんまり気にしないほうがいいよ。IT技術者がするプレゼンテーションはそれとは違うタイプのほうが多いしね」

という答えでした。

狭義のプレゼンテーションと広義のプレゼンテーション

一口に「プレゼンテーション」といってもいろいろなタイプのものがあります。**図2.4**の4つのケースは、プレゼンテーションと呼べるでしょうか？

	目的	事例	やり直しは可能か？
①	知識理解（概念）	・同僚に新しい技術の教育をする ・学校で先生が生徒に数学、英語、歴史などの授業をする	可能
②	手順理解（実演）	・オペレーターにシステムの操作手順を見せる ・水泳教室で先生が生徒に泳ぎ方のお手本を見せる	可能
③	情報収集	・システム構築のために顧客の業務要件についてヒアリングする	可能
④	説得	・SI会社が見込み客へシステム導入提案を説明する	不可能

図2.4：ビジネス・コミュニケーションを行う4つの場面

こう問われてみると、④の「説得型」以外をプレゼンテーションと呼ぶのは少し違う気がしませんか？

実は、プレゼンテーションについて次のように定義される場合があります。

> **【狭義のプレゼンテーション】**
> プレゼンテーションとは、聞き手の心を動かし行動をうながすことである

こう考えると説得型以外をプレゼンテーションと呼びづらい理由がわかります。同僚への技術教育も、学校の先生が授業をするのも基本的には知識情報を伝達するためであって「心を動かす」ためではありませんし、オペレーターへの指導やスポーツ教室でよく出てくる「実演」も違います。③の質問型に至っては「ヒアリング」なのでプレゼンテーションとは主な情報の流れが逆です。

「説得型」だけが、「顧客の心を動かすことができれば、提案にOKがもらえて、行動してくれる（お金を出してくれる）」ものであり、狭義のプレゼンテーションに該当します。

しかし、定義を次のように広く取ってみるとどうでしょう？

> **【広義のプレゼンテーション】**
> 何かの目的のために、何かを、誰かに、どこかで、何らかの方法で、提示すること
> （出典：九州大学大学院言語文化研究院　多言語学術プレゼンテーション
> http://lang.flc.kyushu-u.ac.jp/presentation/materials/index.php?lang=jpn&c=1&s=1）

この定義であれば①、②、④は文句なく当てはまります。③についても、ヒアリングをする時には「必要な情報を聞き出す」という目的のために「聞きたいことを相手に説明する」行為を伴うわけで、プレゼンテーションも同時に行っているといえます。

プレゼンテーションを専門に指導している講師や研修会社は一般に狭義の定義を使い、「説得型」をテーマにしている場合が多いのですが、IT技術者が行うプレゼンテーションの9割はそういうものではありません。例えば開発チーム内で仕様説明をする場面やシステムトラブルの報告をする場面のほとんどは「知識理解型」や「手順理解型」ですし、ヒアリングをする場合は「質問型」です。

実務的にはこれらの機会が説得型よりもはるかに多いことは明らかです。

COLUMN

説明上手な社員が育つ「チームの文化」作りは上司の責任

IT人材のコミュニケーションに関して多くの著書をお持ちのシステムアナリスト／教育評論家、芦屋広太さんにお話を伺いました。

■■■

──芦屋さんはWebメディアでの「仕事で勝てる！ビジネス文章治療室」という連載の中で、IT技術者の説明下手の1つに「上位職究説明力欠乏症」がある、と書かれていますよね？

芦屋：ええ、それはシステムを作って運用する側と、利用する側の立場の違いに関する問題ですね。

──どんな人がどんな場面で気を付けるべき問題なのでしょうか。

芦屋：よくあるのが、純粋に技術職で実績を上げてきた人が昇進して、マネジメント寄りの仕事をするようになった時、です。それまでとは違う、上位職側の視点で考えるという切り替えが必要なことに気が付かないとこの問題に直面します。

簡単な例としては、5時間後の会議のために大量のコピーをしなければいけない場面でコピー機が故障したとします。そこで呼ばれたコピー機のエンジニアが利用者に報告すべき最も重要な情報は何でしょうか？

──会議が迫っているわけですから、「いつ修理が終わるか」ですね。復旧見込みが遅いなら社員をコピー屋さんに走らせなければいけないかもしれませんし。

芦屋：その通りです。ビジネスが全体として動くことに責任を持っている上位職にとってはこの場面で原因が何であろうと二次的な問題に過ぎません。しかし上位職宛説明力欠乏症の人はここで「今回のトラブルの原因は……」とか話を始めてしまうんですね。

システムを作る側でだけ仕事をしていた人は、いつもシステム内部の仕組みを考えているので利用者にもそこから話をしてしまいがちです。上位職と直接話をしない末端のエンジニアでいる間はそれでも通用しますが、立場が変わった時はそれに応じて意識を切り替えないといけないですね。

——その「意識を切り替える」というのは、個人の努力でできるものでしょうか？

芦屋：本人の努力はもちろん必要です。とはいえ実際のところ上司の影響は大きいです。説明下手な部下にお前は下手だと怒るだけの上司の下ではやはりなかなか成長しません。部下が成長できるような環境作りは上司の責任だと思います。

——その「環境作り」のポイントとは？

芦屋：メソドロジーをチームの文化にすることですね。メソドロジーというのはいくつものわかりやすい事例をもとに注意点をノウハウ化、言語化したものです。例えば先ほど出た「原因よりも復旧見込み」といったものがその例です。ケース別に象徴的な事例があると役に立ちます。しかしそのノウハウも紙の上にあるだけでは役に立ちません。実践することが必要で、それには「チームの文化」にする必要があります。

人はチームで仕事をするもので、チームのやり方に染まっていくものです。上司がうるさくいわなくても、チーム内で相互に報告を改良し合うような文化を作れれば全員が成長します。そしてそんな「チームの文化」を作るために私が一番心がけているのは、「褒める」ことですね。実践しているのを見たら「いいね！」とか「ありがとう！」ということ。実際、実践してくれると私が助かるので、本心でそういっています。そうすると皆次もやってくれます。つまり、メソドロジーを言語化し実践を見取って本音で褒めること。それが「環境作り」のポイントですね。

なぜ「説得型」のみをプレゼンテーションと呼んでしまうのか?

そもそも英単語のpresentationは、単に情報が伝わるように何かを「見せる」ことをいいます。だから例えば通信のOSI 7階層モデルの6層目はpresentation層と呼ばれ、Microsoft Windowsでウィンドウシステムをつかさどるモジュール群のことはpresentation layerと呼ばれるわけです。つまり本来のプレゼンテーションの意味は広義のほうです。

にもかかわらず「プレゼンテーション」というと狭義のほうで理解している方が多いのには、いくつかの理由があります。まず、普通は**図2.4**の①はティーチング、②はインストラクション、③はヒアリングとそれぞれ別な名前で呼ばれることが多いというのが第1の理由。そして、④以外はたいてい失敗してもやり直しが効くため、失敗の責任を問われることが少ない、というのが第2の理由です。

例として、①の場面を考えてください。自分の部署に配属されてきた後輩に使用している開発言語や職場の開発規約を教える場合、説明してもなかなか通じないようなら限度はあるにせよ何度でも説明することができますし、それでもダメなら「アイツはできが悪い」と相手の責任にすることも可能です。

しかし、見込み客に対してシステム導入提案のプレゼンテーションをして断られた場合、「説明が足りなかったようですのでもう一度機会をください」などといっても「いいかげんにしろ」と怒られるだけでしょう。失敗をリカバーする機会がないため、一度の失敗が直接、「売り上げが立たない」という損害になって目立ってしまいます。実際には非説得型のプレゼンテーションが下手なことによってより大きな損害を出していたとしても、それは勤務時間の中に埋没してしまってわからないのです。

しかも、説得型プレゼンテーションは普段行う機会が少ないのでなかなか上達もできません。

そのためこの種のスキルについては、「失敗しないように教えてください」というニーズが出てきます。するとそのニーズに呼応した研修サービスが生まれ、その研修サービスではその想定した状況「説得型」に特化した教育を行うものです。

その結果、ある落とし穴が生まれます。

「説得型」のみをプレゼンテーションだと思い込む落とし穴とは?

その落とし穴は2つの誤解によって生じます。

- **誤解1**：プレゼンテーションとは、人を説得することである
- **誤解2**：説明力とはプレゼンテーションをする能力である

このような誤解をしてしまうと、説明に必要なスキルをバランスよく身につけることができません。

「説明」とは本来、場面に応じてさまざまなスキルを組み合わせて行うものです。ところが説得型プレゼンテーションに関する研修は、「説得」する場面での「デリバリー」スキル中心に行われることが多いために、それ以外の場面やスキルについては身につきません。しかも前述のように実際の業務において「説明」が必要な場面の9割は「説得型プレゼンテーション」ではありませんし、「デリバリー」以外のスキルも必要です。

実際にこのことが弊害を起こしている場面を私はいくつも見てきました。例えば、ある会社が技術者向け教育サービス、つまり**図2.4**の①「知識理解」型の研修を行っていた時のことです。その場で配布されていたテキストは説得型プレゼンテーション向きで、知識理解に使うには情報量が足りず、シンプルすぎるものだったことがあります。

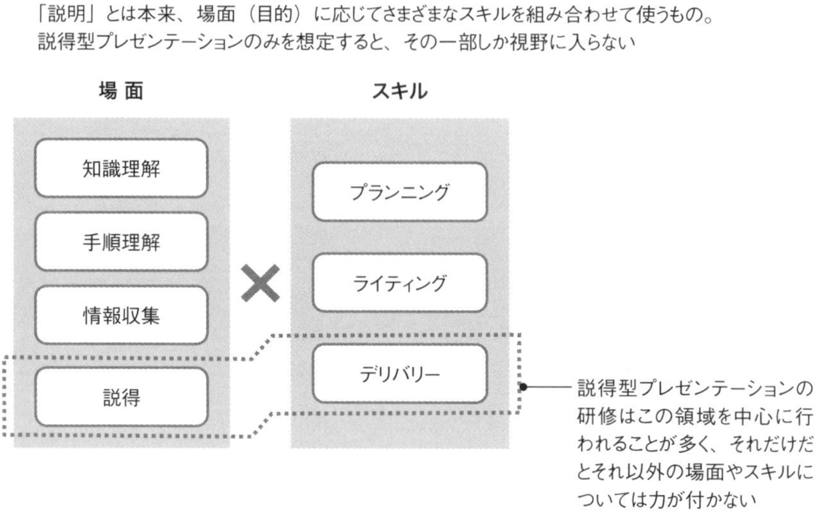

「説明」とは本来、場面（目的）に応じてさまざまなスキルを組み合わせて使うもの。
説得型プレゼンテーションのみを想定すると、その一部しか視野に入らない

場面

知識理解
手順理解
情報収集
説得

×

スキル

プランニング
ライティング
デリバリー

説得型プレゼンテーションの研修はこの領域を中心に行われることが多く、それだけだとそれ以外の場面やスキルについては力が付かない

図2.5：説得型のみをプレゼンテーションと思い込む落とし穴

一般に、「説得型プレゼンテーション」を行う時は、「情報量を極限まで削減し」「誤解せず迷わず理解できるようにシンプルなメッセージを伝える」のが原則ですが、知識理解型の場面ではその原則は成り立ちません。

そのような、場面（目的）による違いを理解せず、説得型プレゼンテーションの原則がどんな場合でも通用すると思い込むと、「技術者教育」という本来の目的を達成できない、そんな弊害が実際に起こります。

ですので、前述のような誤解はしないでください。プレゼンテーションは「説得」を目的とするものだけではありません。「大勢の人の前でしゃべっている」という見た目が同じであったとしても、説得型と知識理解型では守るべき原則はまったく違います。「何かの目的のために、何かを、誰かに、どこかで、何らかの方法で、提示すること」がプレゼンテーションなのですから、「説得」以外の目的があることも理解しておきましょう。

2.3 プレゼンテーションは大まかに2種類あると考える

IT技術者が行うプレゼンテーションは聞き手の心を動かし行動を起こさせる「説得型」ではないものが多い、と聞かされた伊吹君ですが、それまで読んでみた「プレゼンテーションのノウハウ」を解説しているサイトではそんな話は1つも見た覚えがありません。いったいどういうことなのでしょう？

赤城さんに聞くと、こんな答えが返ってきました。

「例えば伊吹君が知らないコマンドの使い方を誰かに教えてもらいに行くとする。その時、『心を動かされ』たいかい？　自分に『行動を起こさせる』ような言葉が欲しいかい？」

「……いいえ、使い方を簡単に説明してほしい、それだけですね」

「そもそも行動したくて聞きに行っているんだから、あとはさっさとやり方教えてよ、っていうだけでしょ」

「そうですね」

「IT技術者がやらなきゃいけないプレゼンテーションって、そのほうが圧倒的に多いんだよ」

Persuasive PresentationとInformative Presentation

実際のところプレゼンテーションの目的には何種類あるのでしょうか？先ほど**図2.4**に挙げたように「4種類である」という考え方もできますが、本書ではもっと単純化して大まかに2種類で考えます。

- Persuasive Presentation（説得型）
- Informative Presentation（情報伝達型）

	目 的	重視する要素
Persuasive（説得型）	相手に行動を起こさせること	相手の心を動かすことを重視する
Informative（情報伝達型）	相手に必要な情報を伝えること	情報の正確性・論理性・明瞭性を重視する

図2.6：2つのタイプのプレゼンテーション

図2.4の①～③はいずれもInformativeの一種と考えてください。

Persuasive Presentationの例

1番目のPersuasiveというのが「人の心を動かす」ことを重視する説得型のプレゼンテーションです。これは、

- 顧客向けのシステム提案
- 社内への新技術採用提案
- 社内外への勉強会開催の呼びかけ

など、人に何らかの行動を起こすことを呼びかけるものが当てはまります。

「行動を起こす」というのは、呼びかけられた相手にとっては多かれ少なかれ何らかの投資を必要とする、リスクを伴うものです。投資というのはお金や時間であり、リスクというのはそれが失敗に終わって投資が無駄になったりあるいはそれ以上の損害をもたらしたりすることです。

そのハードルを乗り越えて「よし、やろう」と思ってもらう、やる気になってもらうためには、単に合理的な計算を示すだけでは不十分であり「心を動かす」演出が必要です。それがPersuasive Presentationの特徴です。

Informative Presentationの例

Informative、つまり情報伝達型プレゼンテーションの最も典型的な例は学校の先生の授業ですが、IT技術者がかかわりそうなものの例を挙げると

- 同僚への技術教育（開発者向けイベントでの技術解説なども）
- ユーザーへの仕様説明
- オペレーターへの操作教育

などがあります。

このタイプのプレゼンテーションの目的は説得ではなく、情報を伝えることです。なぜ情報を伝えなければならないかというと、「やるのは相手」だからです。「こうすればできるから、あなたがやってください」というのが伝達型プレゼンテーションです。

ただし、この種の仕事は「ティーチング」や「インストラクション」と呼ばれることが多く、一般的にはプレゼンテーションとは呼ばれていません。しかしIT技術者はこの種のプレゼンテーションを行う機会が非常に多いものです。ITシステムは複雑なものであり、適切に利用するためには複雑な概念モデルを理解して、煩雑な手順を正確に遂行する必要があります。これは「やる気」では解決しません。「情報」が必要なのです。

説得型プレゼンテーションの場合は「やる気」になってくれれば一件落着ですが、伝達型の場合はそうではない、ということに注意してください。

ラスムッセンのSRKモデルとは？

Informative Presentationを考えるうえで重要な概念の1つに、「ラスムッセンのSRKモデル」という考え方があります。これはデンマークのシステム安全工学者であるラスムッセン教授が1983年に提唱したもので、発電所の運営や航空機の運航などの大規模システムにおける安全管理のために、人間が起こすエラーのタイプを分類し適切な対応を取るための基本的な考え方の1つです。これはIT技術者には特に知っておいてほしいので、以下

を注意深く読んでください。

人間の行動はS・R・Kのいずれかで決まる

人間が何らかの課題に対して自分の行動を決定するための方法には、大まかにスキル（Skill）ベース、ルール（Rule）ベース、知識（Knowledge）ベースの3種類があり、この3つの頭文字を取ってSRKモデルと呼ばれています。

SRKモデルの例

例えば「チャーハンに味付けをする」という課題に対して、「Nグラムの塩を振る」という行動が必要だったとしましょう。ここで「Nグラム」を決定する時に、「知識ベース」であれば「塩を入れると塩味が付く」という知識をもとに塩を少しずつ足してみるという行動を取るはずです。もちろんそれでも適切な量は決定できますが、知識ベースの行動は考えながら試行錯誤をするものであるため、一般に遅くなります。「少しずつ足してみる」とその分時間がかかるわけです。

そこで、同じ課題を何度も行う場合は、適切な行動を「ルール化」するのが普通です。チャーハンに味付けをする場合なら、「1人前ならNグラム」というレシピを一度作ってしまえばあとはそれを見て計量すればいいので、いちいち考えて試行錯誤しなくても短時間で作れます。これが「ルールベース」の行動であり、「レシピ」とはつまりルールといえます。一般に、業務マニュアルにしたがって仕事をするのはルールベースの行動です。

さらに、そのルールベースの行動も何度もやっていると習熟するので、経験豊富な料理人ならもはやレシピを見て計量する必要もなくなります。つまり「適当につまんだ量が適切な量になっている」わけで、この場合はもはや数字を意識しません。これが「スキルベース」の行動です。

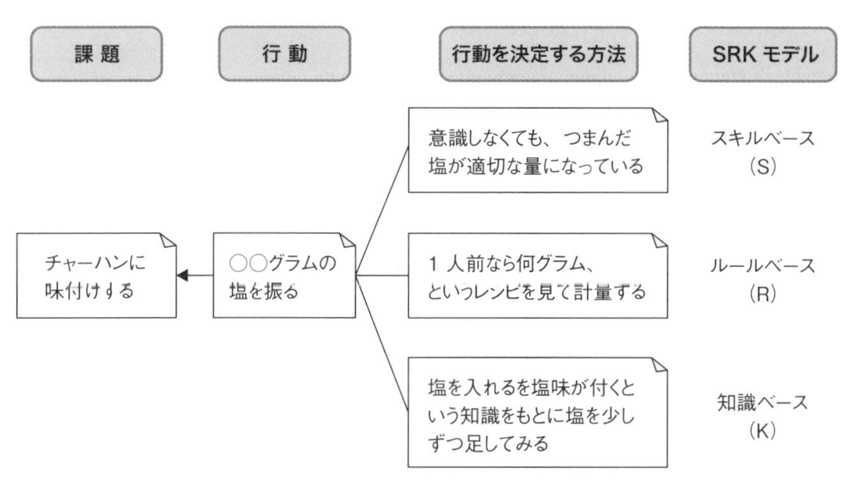

図2.7：「必要な情報」とは何か？

人間の行動は 知識→ルール→スキル の順に熟練が進みます。「知識ベース」でいう「知識」というのは原理原則レベルのものなので実社会の業務遂行には非効率的であり、効率よく仕事をしようとするとどうしてもマニュアル化して、「あとはこのマニュアルを守って仕事をせよ」という形を取らざるを得ません。

ターゲットに応じた違い

ここでもう一度**図2.4**を見てください。「知識理解」と「手順理解」というのがそれぞれKとRに該当しています。

「知識理解」を目指す教育というのは原理原則レベルの知識から教えます。システム開発を行う技術者に対してはこれが必須ですが、できたシステムを使うオペレーターに対してまでそれらを行っていると、いくら時間があっても足りません。そのため、「じゃ、あとはこの手順で仕事をしてね」という業務マニュアル化をしてその通りやらせるのが普通です。

これらの説明をする時に必要なのは「正確な情報を伝えること」であっ

て、「やる気になってもらうこと」ではありません。それがInformative Presentationの特徴で、Persuasiveとは大きく違うところです。

その他のタイプのプレゼンテーション

実用的には、PersuasiveとInformativeの2種類を知っておけば十分ですが、詳しく述べればそれら以外のプレゼンテーションもあります。そのうちの1つがNarrative Presentationです。

Narrative Presentationの例

Narrative、つまり物語型プレゼンテーションは、文字通り「物語」を語るものです。映画などで「ナレーション」と呼ばれるものがこれに当たります。ビジネスシーンでは説得型プレゼンテーションの中で1つのテクニックとして利用される場合が多いです。

実際にはこの3種類のプレゼンテーションを組み合わせて使うこともよくあります。例として、次の文を読んでみてください。ある社会人が母校に招かれて自分の後輩である高校生に向けて話したスピーチです。(なお、私ではありません、念のため)

> A：子どものころの僕の生活はとても暗いものでした。といっても別に洞窟で生活していたわけではありません。まったく楽しさを感じられない、心が晴れない生活だったのです。勉強はできましたが同級生との折り合いは悪く、ガリ勉とバカにされ、家が貧しかったために欲しいものも買ってもらえず、オシャレな服を着ることもできず、面白い話をして女の子を楽しませることなどできないのもわかっていますから、どうせ上手く行かないと思うと好きな子をデートに誘う勇気もなく、1人でずっと本を読んでいるような表情に乏しい高校生を想像してもらえば、それが18歳の僕です。

B：そんな僕が大学に入ってコンピューターに出会いました。そして取りつかれました。工夫してプログラムを書けば自分の思うように動かせます。つきあうためにジョークを飛ばす必要もなく、乏しいお小遣いでキレイな服を買って見栄を張る必要もありません。プログラムを書くのは難しかったですが、その分、どうにかしてやってやる、という意欲もかきたてられました。僕にとっては格好の遊び道具であると同時に、挑戦的な目標を与えてくれるものでもありました。

C：そして僕はそれを仕事にするようになりました。そうなってみると、理屈っぽくありとあらゆる可能性を考慮に入れて考える、という僕の性格はこの仕事にはうってつけなことがわかりました。合コンを盛り上げるのには向いていませんが、システムの開発や解析、運用をするのには向いていたんです。

D：ある時、会社のシステムが大きな障害を起こして復旧できない事態が起きました。僕も応援に呼ばれていきましたが、何をどうやってもシステムを再起動できず関係者が真っ青になって頭を抱えたその時、ふと解決する方法がひらめきました。その方法をチームに提案し、皆で手分けして準備を終えて実行してみたところ、無事再起動することができました。その時の皆の喜ぶ様子は今も覚えています。そして上司は僕に「お前がいてくれてよかった、本当にありがとう」といってくれました。

E：変な話ですが、それでとても気が楽になりました。子どものころから僕はずっとガリ勉とかキモヲタとかいう目で周囲から見られることにコンプレックスを感じていて、だから目立たないように生きてきたんです。本当なら、今こんな場所に出てくるのもお断りしていたでしょう。でも、その上司の一言で、ああ、自分は自分を必要としてくれるところで生きていけばいいんだと、合コンでウケなくたっていいじゃないかと、そう思えるようになりました。

F：今ここで僕の話を聞いてくれている皆さんの中にも、昔の僕とは違うでしょうがいろいろな悩みがあると思います。大いに悩んでください。僕の悩みは会社に入って仕事を始めて3年たってやっと解消しました。その悩んでいる間にそれを忘れるために没頭したこと、勉強したことがのちのち役に立ちました。悩んだことが力を与えてくれたようなものです。

G：さて、そんな僕の経験を踏まえて、皆さんにこれからの高校生活のアドバイスとしていえることは3つあります。第1には、何でもかまわないので本気でやってくださいということ。部活でも勉強でも、本気でやったことはのちのち何かで生きてきます。第2は、特に僕みたいなIT技術者に興味のある方は、英語と数学はきちんと勉強しておこうということです。IT技術者じゃなくても、この両方の力はいろいろなところで必要になります。第3は、人との出会いを大事にしましょうということです。僕は僕のことを認めてくれる上司に出会ったことで楽しく仕事ができるようになりました。信頼してくれる人がいると生きるのが楽しくなります。その信頼に応える力を付けるためにも、本気で勉強する必要があるんですね。

H：ということです。皆さんの高校生活とその後の人生が充実したものであることを願っています。ありがとうございました！

長々と載せてしまいましたが、さて、このスピーチはPersuasive、Informative、Narrativeの3種類のどれに当たるものでしょうか？

実はその「すべて」です。分類すると、A～EがNarrative、FとGおよびHがPersuasive、Gはさらに Informativeでもある、というのが答えです。

Narrative Presentationによくある特徴として次のようなものがあります。

- 人や物の様子や出来事を「描写」することが多い
- 描写を時系列に語るのが基本（例外もある）
- 「ヤマ場」が存在する
- 「ヤマ場」のあとで、それ以前とは違った状況になる

これが、Narrativeの特徴です。A～Eがまさにそのパターンになっていますね。

Persuasive Presentationでは物語と情報伝達を組み合わせることが多い

そしてそのNarrativeパートが何のためにあるのかというと、その後のPersuasiveパート、つまりＦとＧの説得力を上げるためです。

ＦとＧは人に行動を呼びかけるPersuasiveなパートですが、もしA～Eを削除していきなり「○○してください」と呼びかけても誰もその気にはならないでしょう。「この人がそういうなら、信じようかな……」と思ってもらうためには、「この人」のことを理解してもらう必要があり、そのためにNarrativeなパートが必要だったわけです。

さらにGでは、「3つあります」と数を示したうえで、1つずつ「○○してください（指示）。というのは××だからです（理由）」と、指示と理由をセットにして語っています。こういう風に情報を整理して一定のパターンで語るのはInformativeなスタイルです。

通常、Persuasive PresentationではNarrativeとInformativeを組み合わせて使う場合が多くなります。というのも、「これこれをやりましょう」と提案して人の心を動かし、「よし、やろう」と思わせるためにはいくつかの疑問に答えなければならず、疑問に答えるためにはNarrativeとInformativeのどちらかからその場面に合ったスタイルを使うからです。

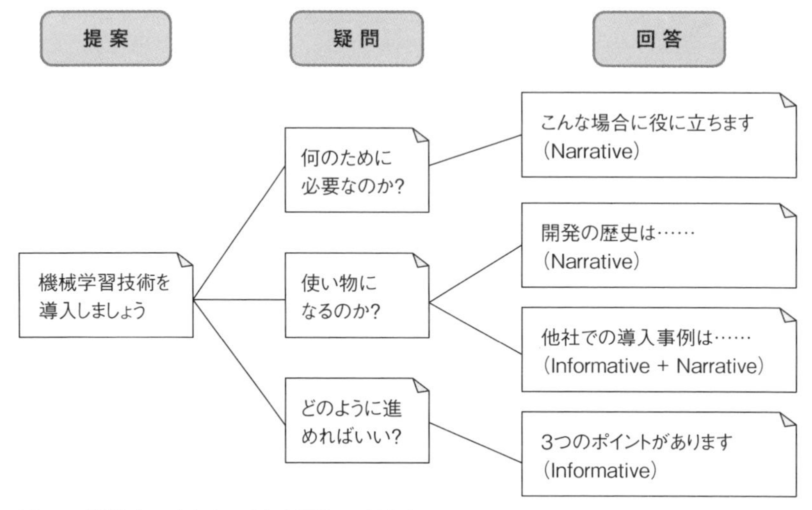

図2.8:「説得」はあらゆる手段を駆使して行うもの

提案に必要なものは何でも使う

人に何かを「提案」すると、相手は「何のためにそれが必要なのか？」「その提案で実際に使い物になるのか？」「どのように進めればいいのか？」などさまざまな疑問を持ちます。その疑問に対して、それぞれ合った回答をしていかないと説得はできません。そのためには、Narrativeであっても Informativeであっても「必要なものは何でも使う」ことが適切なわけです。

2.4 「説明」のプロセスを考える

伊吹君は社内の技術勉強会で講師をすることになりました。プレゼンテーションの練習をするちょうどいい機会でもあるので、PowerPointを開いて勉強会の資料を作っていたところ、後ろを通りがかった赤城さんが聞いてきました。

「お、勉強会か、いいねえ。ちなみにメインメッセージは何？」

「"○○システムの障害発生パターンから得られた知見"です」

「それはテーマであって、メッセージじゃないね。最終的に結論として何をいいたいの？」

赤城さんがいうには、「メッセージ」というのは、相手が「これは役に立つから覚えておこう」とか「なるほど、自分もやってみよう」と思うような一言なのだそうです。確かに「障害発生パターンから得られた知見」という一言では、誰も「覚えておこう」「やってみよう」と思うはずがありません。

「それなら……"タイプA障害の兆候監視には指標Xが有効"ということです」

「お、それだよ！　そういう一言がメッセージ！　あとはそのメッセージに向けてすべての材料を組み立ててやるように資料を作ればいい。頑張れよ！」

説明のプロセスは3段階

「説明」というのは単に「相手がわかるように話をすること」であり、その意味ではプレゼンテーションも同じことです。

すでに書いたように「プレゼンテーションとは、人の心を動かすことである」という考え方もあります。しかし、それはプレゼンテーションの中でも説得型に分類されるもので、単にプレゼンテーションといった場合は「相手がわかるように話をすること」以上でも以下でもありません。少なくとも本書ではそう扱います。なお、「話をする」といっても口頭とは限定しないので、文章・図・写真など必要なものは何でも使います。

プロセスを整理しておこう

ここでいったん「説明」のプロセスを整理しておくと、大まかに**図2.9**のようになります。

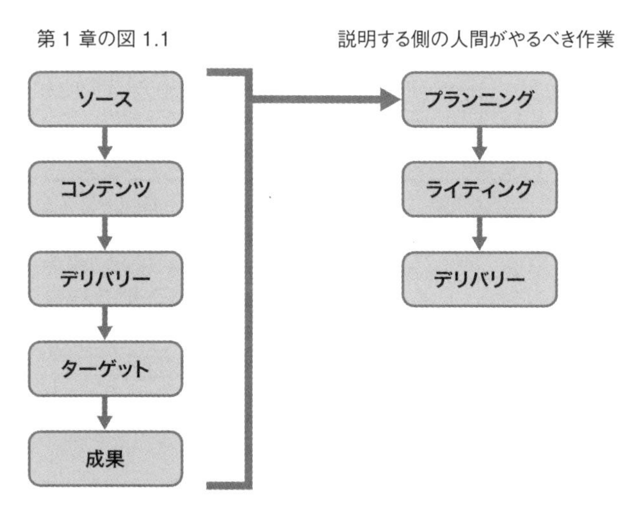

図2.9：「説明」のプロセスを整理する

図2.9の左側は第1章の**図1.1**で載せた流れの再掲であり、「説明」した相手（ターゲット）が行動をして成果を出すまでを表しています。右側はそのために「説明する側がやるべき作業」を整理したもので、大まかにプランニング・ライティング・デリバリーの3段階にまとめられます。

プランニング：スタート／ゴール／ルートを考える

プランニングというのは、ソースから成果までの全体像を把握することで、「誰（ターゲット）に、どんな成果を出させたいのか」をイメージすることが重要です。これが不十分だと「単に自分が知っていることを書く／しゃべる」だけになりやすく、特にプレゼンテーションをする時には「文字がビッシリ詰まりすぎていて、わかりにくい、要領を得ない説明」になる傾向があります。

大まかに例えるならば、地図上でスタートとゴールを特定し、その間を結ぶルートを考えるのが「プランニング」です。

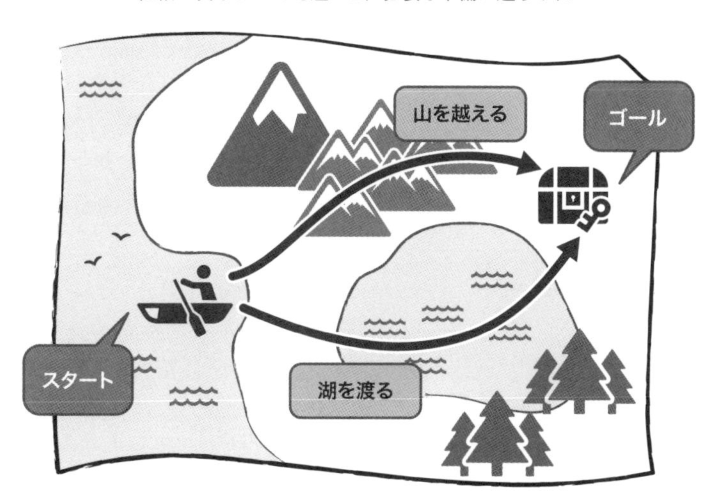

図2.10：スタート／ゴール／ルート

仮に、**図2.10**でスタート地点からゴールまで行きたいとしましょう。ヘリコプターでひとっ飛びできれば楽ですが、ヘリどころか電車もバスも自動車もなく、身体1つでなんとか移動しなければならないとします。

使えるルートは大まかに陸路（山越え）と水路（湖を渡る）の2種類。どちらを選ぶかによって、必要な準備が大きく違います。山越えなら身体を支える杖と藪を切り開くナタが不可欠ですし、水路を選ぶなら船かイカダを作らなければなりません。

この「スタート／ゴール／ルート」を決めるのがプランニングの作業です。

注意すべき点は、「ルート」はあくまでも「スタートとゴールの間」にあるものなので、スタートとゴールを決めるのが先決だということです。ゴールがハッキリしていない段階で「丸木舟の作り方の説明」のように細かい現場レベルの話を始めても意味はありません。技術者が説得型プレゼンテーションをしようとすると、自分がわかるところから書こうとするため、しばしばその種の細かい話をしてしまいがちです。

「ゴール + メソッド」でメッセージを作る

赤城さんがいう「メッセージ」、つまり相手が「これは役に立つから覚えておこう」とか「なるほど、自分もやってみよう」と思うような一言は、「ゴール＋メソッド」を合わせて作ります（メソッドというのは前述のルートのことですが、「ルート」は地図上の経路のイメージが強すぎるので、メソッドと言い換えました）。ただし、ゴールもメソッドも、相手にとって明白な場合は省略できます。

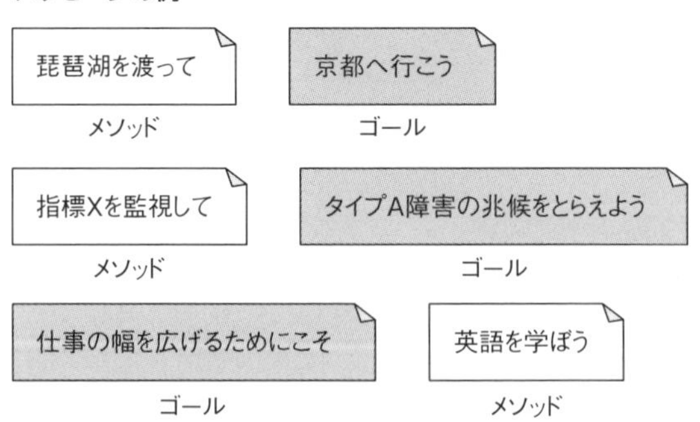

図2.11：ゴール＋メソッドでメッセージを作る

メッセージというのは、プレゼンテーションの中では「結論」に当たる、最も強調される一言です。それを「役に立つから覚えておこう」と感じるのは、そもそも相手に「迷い」がある場合です。

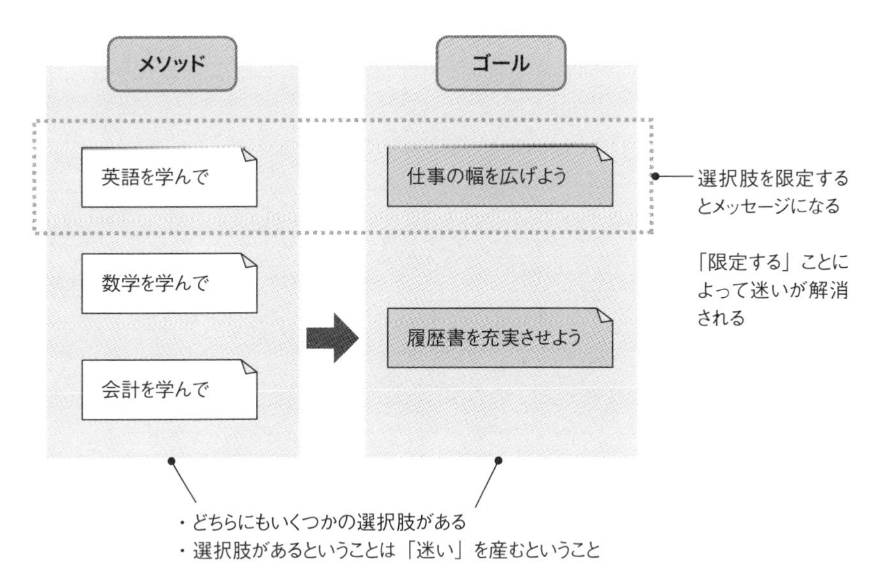

図2.12：メッセージは「迷い」に答えを出すもの

「英語を学んで仕事の幅を広げよう」と聞いて「なるほど！」と思う人は、ゴールとメソッドのどちらか、または両方に迷いがある人です。

- **ゴールに迷いがある：**何のために英語を勉強するのだろう？
- **メソッドに迷いがある：**仕事の幅を広げるには何をすればいいんだろう？

そんな迷いがある人に向けて何らかの結論（メッセージ）を語るためには、まず「相手が何に迷っているのか？」を知らなければなりません。それはつまり相手の現在の状態、スタート地点を知るということです。

スタート、ゴール、その間をつなぐメソッド、これらを踏まえて「メッセージ」を作ります。それが「プランニング」でやるべき仕事です。最初にこれをやっておかないと、何をいいたいのかよくわからない、細かい情報が羅列されただけの説明になりがちなので注意してください。

ライティング：材料出し／コンテンツ化

プランニングのあとの「ライティング」では、「材料出し」と「コンテンツ化」をします。

材料出しというのは、気が付いたことを片っ端から箇条書きレベルで書き出す作業であり、コンテンツ化はそれを使う人にとってわかりやすい形に整理して仕上げる作業です。これら2種類を合わせて「ライティング」と呼びます。

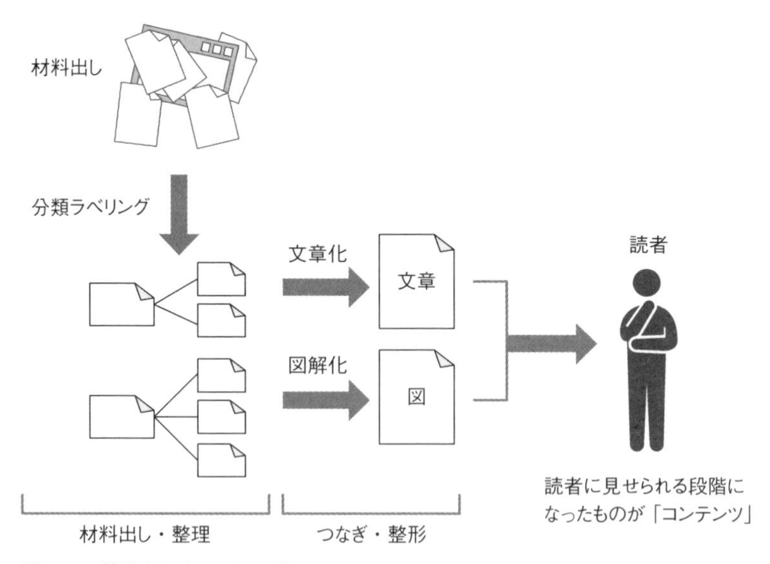

図2.13：材料出し／コンテンツ化

文章を書くのが苦手だという人の中には、いきなり**図2.13**でいう「文章化」のところからやり始めて、上手く行かずに悩んでいる場合があります。まずは「断片的な材料出し」→「分類・ラベリング」を経てから文章を書くことを習慣化してみてください。

なお、本書でいうライティングというのは「コンテンツ」を作る作業であって、文章に限らず、図表・イラスト・写真・動画・音声など、必要なメディアは何でも使います。とはいえ、IT技術者にとって大事なのは文章と図表です。

「材料出し」でプランニングとライティングを同時にやる？

ただし実際には、「材料出し」の中でプランニングとライティングを混然一体と行う場合も珍しくありませんし、それはそれで問題ありません。

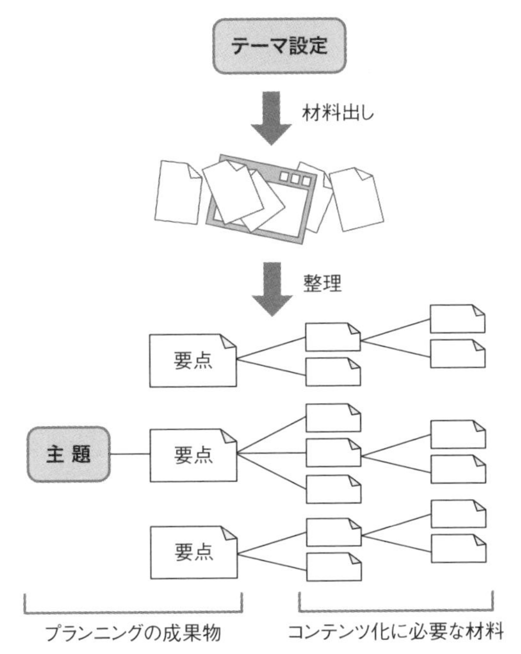

図2.14：材料出しでプランニングとライティングを同時に行う

テーマを設定して、材料出しとして「取りあえず気が付いたことを全部書き出してみる」作業をし、それらを整理してみる中で「主題－要点－詳細」という階層的ツリー構造が作れたとしましょう。

こういう場合の「主題－要点」の部分がプランニングの成果物で、「詳細」の部分は最終的なコンテンツを作るための材料になります。しかし、それは「整理」してみてはじめてわかることで、材料出しをしている時には材料がどちらになるのかはわからないのが普通です。そのため、材料出しの段階ではプランニングとライティングを区別する必要はありません。

デリバリー：口頭説明

書いたものを渡して読んでもらうだけの場合には、「ライティング」まででほぼ仕事は終わっています。

しかし、「説明」の種類によっては人を集めて面と向かって口頭で話をする必要があります。この段階の作業を「デリバリー」といい、プランニングやライティングとは違う、「面と向かって話をすること」特有のノウハウがあります。

また、特に説得型プレゼンテーションの場合は、それまでのプランニングやライティングの準備を生かすも殺すもこの「デリバリー」にかかっているほどの重要さを持っています。

デリバリーのノウハウというのは、ひとつひとつを見ればちょっとした小技でしかありませんし、エンジニアが普段考えている技術的課題に比べると、まったく本質的とはいえないものではあります。しかしそんなデリバリーの質で「伝わるか、伝わらないか」が大きく左右される以上、ノウハウは知っておかなければならないのです。

まとめ

本章では、プレゼンテーションにPersuasive／Informative／Narrativeの3種類があること、テーマ／ストラクチャー／デリバリーの3要素で構成されること、知識理解／手順理解／情報収集／説得の4つの場面があること、プランニング／ライティング／デリバリーの3段階を踏んで進められることについて触れました。これらはいずれも「説明」という仕事をそれぞれ違う面から分解して考えたものです。

分解して定義づけ、比べることによってそれぞれの違いを理解することができ、それぞれ適した方法を使えるようになるわけですから、第1章のまとめでも触れましたが「分解／分類を徹底する」ことはやはり重要です。

COLUMN

研究開発をするにも説明力は必要

研究開発アウトソーシングの仕事をされている吉村さん（仮名）にお話を伺いました。

■ ■ ■

――研究開発のアウトソーシングというのはどのような仕事なのでしょうか？

吉村：ここ数年、さまざまな分野でディープラーニング（DL）のような人工知能系技術の研究が進んでいますが、そうした機能をビジネスアプリケーションに応用するにはその研究をある程度理解しなければなりません。それには一般のIT技術者があまり持っていない能力（例えば数学や統計学）が必要です。そこでそれはアウトソーシングしよう、という需要があるわけですね。

――その仕事をする上では、どのようなコミュニケーションの課題がありますか？

吉村：持っている知識がお互いに違うので、そのギャップを翻訳するのがやはり難しいですね。よくある例のイメージを書いてみるとこんな感じです。

まずは「この問題にDLを適用可能か」という疑問に答えなければいけません。解決したい問題がいくつかあるうちの一部、例えば図中のA、Bは不可能だけれどCはDLを使える、その理由はこうだ、とアプリケーション側の開発担当者に説明する必要があります。理由の部分は専門的になるので難しいのですが、これが上手く伝わればより広く活用アイデアを見つけるのに役立つので、できるだけ技術のエッセンスが理解できるように工夫しています。

「どのように機能を実装するか？」について説明する必要は少ないです。単にDLといってもいろいろなアルゴリズムがある中でなぜX、Yではなく

Zを使ったかは私がわかっていればいいことですので。ただ、データ量や計算時間など、リソースの手配やインタフェースに必要な説明はします。

あとは、どんな成果が得られたか？　は重要です。成果が得られればそれが製品を売る時の宣伝文句になるので、ここはわかりやすく示してあげる必要がありますね。

――専門性の高い内容については、たとえ話を使う場合もありますか？

吉村：営業担当者や経営層に説明する時は、たとえ話で済む場合が多いです。彼らに必要なのは「DL導入！」という流行のキーワードと「何パーセント改善しました」という数値、つまり宣伝文句に使える材料であって、技術のエッセンスではないので。悪い意味ではなく、役割分担として、技術を理解する必要はないけれど、でもわかった気分にはなって欲しい、という場合は、たとえ話が役に立ちます。とにかく技術は使ってもらわなければ価値を生みませんので、実際に作るのは私であっても、こんな使い方ができる、というイメージは伝える必要があります。ソフトウェアにこうした専門性の高いモジュールが組み込まれる流れは今後ますます進むと思いますし、研究開発系の仕事をしたい人にとっては、説明力があれば大きな強みになるのではないでしょうか。

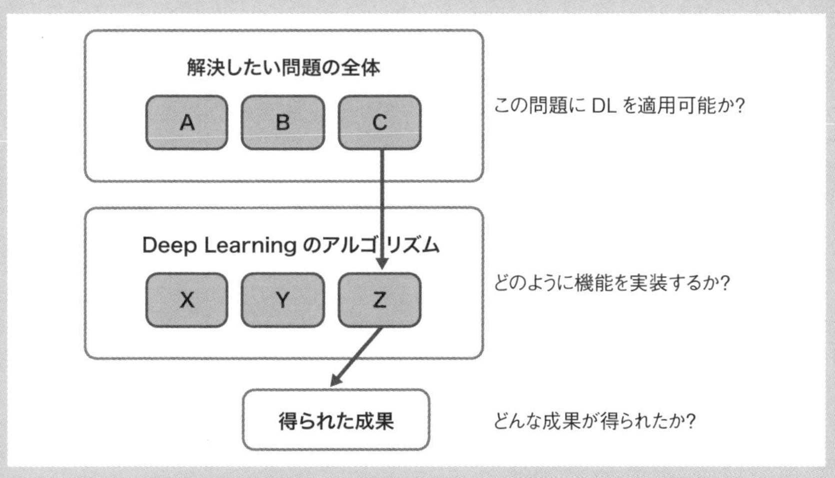

ディープラーニング（DL）をテーマにしたコミュニケーションの例

第3章

プランニングとライティングの基本とは

口頭で説明する「プレゼンテーション」の前に必要なのがプランニングとライティングの作業です。プランニング段階では、考慮すべき項目を1つずつチェックして「書くための材料出し」を行い、ライティングでそれをつなげて1つのコンテンツとして構成します。

本章ではプランニングとライティングの基本について解説します。

3.1 プランニングのコツ

PowerPointで社内の技術勉強会用の資料作りをしている伊吹君のところに、赤城さんが戻ってきました。

「さっきいい忘れたけれど、本当はいきなりPowerPointを開いて書き始めるのはあんまりよくないんだよ」
「えっ……どういうことですか？」
「最初は『材料出し』をするべきだけれど、『つなぎ・整形』のところから始めてしまっているケースがよくあってね。だから、そこは気を付けておいてね」
「具体的には何に気を付ければ……？」

プランニングの時に気を付けるべきこと

PowerPointそのものの問題ではないのですが、資料作りの進め方が身についていない人はどうしてもこういう落とし穴にハマりがちです。PowerPointはどうしても小さな画面単位で書くことになるため思考の視野が狭くなりがちなうえに、完成品を作るイメージが強すぎるため材料出しが不十分なまま「つなぎ・整形」作業に時間を費やす結果になりやすいのです。

これを防ぐために効果的な方法が2つあります。1つは「材料出し」の作業はPCを使わず、**図3.1**のように広い机やホワイトボードと付箋(ふせん)紙に手書きで行うことです。画面の制約がなくなり、視野を広げて考えることができます。

大画面のPCがあれば画面の狭さの制約はある程度解消されますが、個人的には「手書き」自体に発想を刺激する効果を感じるので、普段PCでだけ作業をしている方は付箋紙+手書きでのプランニングも試してみてください。

図3.1：付箋紙を使って材料出しを行う

もう1つは「プランニング」のために考えるべき項目をあらかじめリストアップして、まずその解答を出してみることです。プランニングというのは「スタート／ゴール／ルートを考えること」であると前に書きましたが、それは非常に大まかな話であって、実用的にはもう少し細かく考えていく必要があります。本節でその説明をしますが、必ずしも全項目にハッキリ答えを出さなければいけないものではないので、わかるところを書いていく、という形で参考にしてください。

では、「プランニング」段階で考えなければいけないことを1つずつ見ていきましょう。

対話型か非対話型か

まずその説明は、相手と対面して会話をしながら行うものでしょうか？

対話的に行うものであれば、相手の反応を見て内容を変えることができますが、非対話型の場合はそれができません。

文書を読んでもらうタイプの説明が非対話型になるのは当然ですが、相手に対面して行うプレゼンテーションであっても、非対話型になることがあります。例えばプレゼンテーションの相手が数人までであれば対話的に行うことができても、人数が増えると難しくなるものです。

一般に、非対話型の説明をする場合は盛り込まなければいけない情報量が増えるため、情報量を増やしつつ、消化不良を起こさせないための工夫が必要になります。

相手は誰か

次に説明する相手を想定することが大切です。「A社社長の田中さん」のように個人を特定できる場合はその個人の知識や関心に合わせて準備をすることが可能ですが、そうでない場合は例えば「はじめてLinuxマシンのシェル操作に触れる新入社員」のように、場面と知識レベルがある程度わかる想定をする必要があります。

どのような知識を持っているか

小学生を集めて大学院生向けの話をしても通じるわけがありませんので、どんな説明をする時も相手の知識レベルに合わせて話を組み立てる必要があります。したがって、相手が何を知っていて何を知らないのかを早いうちに把握しておくことが求められます。しかしこれがなかなか難しいもので、公開講座や講演会のように不特定多数の人が来るイベントで話をする場合など、「知識レベルがバラバラな人の集まりで話をしなければいけないので、どこに合わせたらいいか難しい」あるいは「相手の知識レベルがわからない」という悩みをよく聞きます。

どのような言葉が通じるか

「どんな知識を持っているか」を具体的に考えるためにやっておきたいのが、「通じる言葉／通じない言葉」のリストを作っておくことです（**図3.2**）。

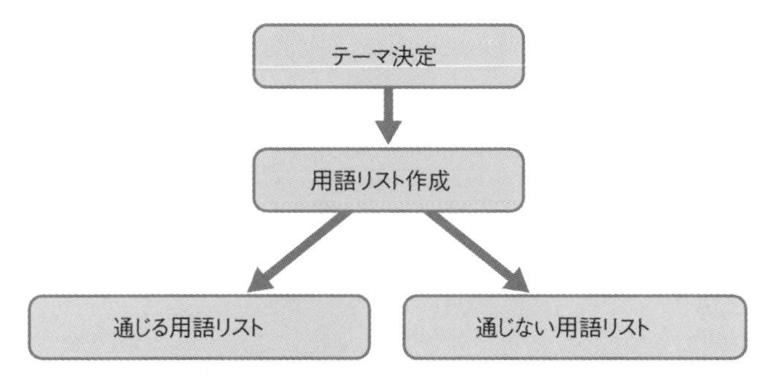

図3.2：通じる／通じない用語リスト作り

例えば2010年ごろにあるSIerの若いプログラマー数名と話をしていた時のこと、私は彼らが「Ethernet（イーサネット）」という用語を知らないことに気付いて衝撃を受けました。「LAN」は知っていても、その基礎技術であるEthernetのことは知らないというのです。そこであらためて考えてみると、LANなら一般の人が読む雑誌にも載っていましたが、Ethernetという用語はほとんど見かけた記憶がありません。つまり、IT技術者ではあってもネットワーク系をやっていなければ知らなくても無理はない用語でした。

そのため、テーマを決めたら、それを語るために必要な用語を具体的にリストアップし、そのうえで想定している相手の知識レベルを踏まえて「通じる／通じない」用語に分けてください。通じるか通じないかは相手に直接確認するのが一番ですが、それができない時は推測するだけでも役に立ちます。

人間は、自分の知らない専門用語が出てくるとどうしても緊張するものです。特に「知らない用語が一度に2つ以上」出てくると、1つだけの時に比べて理解のハードルが何倍にも上がってしまいます。それを避けるために必要なのがこの「通じる／通じない用語リスト」です。

どのような話の組み立てに慣れているか

20年ほど前につきあいのあったある経営者からこんな話を聞いたことがありました。

> ビジネスの話は結論から先にいってほしいし、私自身も人に話す時はそうするように気を付けているけれど、高齢の社長さんをはじめ、結論からいわれると答えを押しつけられているみたいに感じて嫌がる人もいるんだよね。
> だから、そういうタイプの人には結論を先にいわないようにしているよ。

もちろん、本来ビジネス文書／技術文書では「結論から先」に書くべき（話すべき）なのですが、そういうスタイルに慣れていない人が読者だとわかっている場合は、あえてセオリーを外すことも必要です。基本的には「相手が予想している、読み慣れている／聞き慣れている話の組み立てに合わせる」わけです。

説明を受けた相手に何をしてほしいか

説明を受けた相手がどんな行動を取るのかをイメージしていれば、そのための適切な書き方ができます。例えば、悪い例として下記の文面を見てみましょう。ABCというソフトウェア（仮名）のライセンスについての問い合わせ文です。

> 現在御社のABCベーシック版を使用中ですが、今後エンタープライズ版を使用したいと考えております。
> 弊社の環境はAWSのEC2インスタンスにABCベーシック版をインストールしております。こちらのサーバーを冗長化したいと考えています。
> エンタープライズ版のライセンス1つの場合と3つの場合でお見積もりをいただけますでしょうか（以前、冗長構成を組むには最小でも3つ必要とお聞きした記憶があります）。

問い合わせをするということは、「回答」をしてほしいわけです。であれば、どの質問に答えてほしいのかを明示しておくべきです。ということで、改善例はこうなります。

現在、AWSのEC2インスタンスにて御社のABCベーシック版を使用中ですが、サービスの可用性向上を図るため、今後エンタープライズ版を使用したいと考えておりますので、以下の2項について回答をお願いいたします。

1. エンタープライズ版を稼働させるために必要な費用を下記2ケースでお願いします。
   ・ライセンス1つの場合
   ・ライセンス3つの場合
2. 冗長構成を組むには最低3ライセンスが必要という理解で正しいでしょうか。

回答する立場で考えれば、「以下の2項目について回答を」と、複数の質問があることを明示して番号付きで示してくれたほうが答えやすいのはいうまでもありません。しかし、このようなちょっとした配慮をしていない文をよく見かけます。「説明を受けた相手がその後どんな行動を取るのか」を考えておくと、こうした配慮ができるようになります。

余談ですが、「この例文は質問であって説明ではない」……などという方はいませんよね？ 「質問」するためには、何を聞きたいのかを説明する必要があります。質問は多かれ少なかれ説明を伴うものなのです。

この種の説明では「説得」は不要であり、それよりも情報伝達型、Informativeな書き方が求められます。IT技術者が最も多く扱わなければならない「説明」の種類の1つです。

どのような疑問を持つか

もう一度、第2章の**図2.8**を見てみましょう。説明するというのは「疑問に答える」ことなので、そもそも相手がどんな疑問を持つのかを想定して

おかなければなりません。そこで、代表的な疑問、質問は**図3.3**のようにあらかじめリストアップしておきます。

よく聞かれる代表的な疑問、質問はあらかじめリストアップしておく

ビジネス提案評価によく使われる観点

需要	ニーズがあるのか?
技術	技術的・原理的に可能な構想か?
競合	競合他社の状況は?
組織	当社の組織／人材で実現可能か?
財務	必要な資金とその回収期間は?
環境	環境面の影響は?
社会規範	社会規範上受け入れられるか?
安全	安全性に問題はないか?

その他の分類観点（6W3H）

- 何のために（Why）
- 誰が（Who）
- 誰に（Whom）
- いつ（When）
- 何を（What）
- どこで（Where）
- どのように（How）
- いくらで（How much）
- どのぐらい（How many）

図3.3：疑問のチェックリスト

「○○システムを導入しましょう」といった提案をする場合は、ビジネス提案評価によく使われる観点を踏まえて、聞かれそうな質問をひととおり具体化しておきます。例えば、「Raspberry Piを使ったデジタル電子工作を楽しめるキットを開発／販売しましょう」といった提案をする場合は、

- **需要**：そもそもそのニーズを持つ客がいるのか？
- **競合**：すでに他社から出ているのではないのか？
- **組織**：当社にその開発／販売ができる人材がいるのか？

といった質問は想定しておかなければいけないわけです。

ただし**図3.3**では大まかな観点のみを示しているため、実際にはこれをさらに具体化した質問を考える必要があります。例えば、需要についての質問に「ニーズがある」と答えるなら、「それは個人か、それとも学校のような団体か」「大人が自分で楽しむためのものか、子どもと一緒に遊ぶためのものか」「単価は」「市場規模は」といった関連質問が出てくることでしょう。

「ビジネス提案評価に使われる質問」のような観点は通常、技術者が普段考えない部分ですが、「経営者向けに業務システムの導入を提案する」あるいは「新事業立ち上げの提案をする」という時には必要な考え方です。

他には、実務的な業務指示を説明するような時には、チェックすべき項目をWhy、Who、WhatやHowなどの英単語でリストアップするのが基本です。このための項目を広く取ると6W3Hになりますが、毎回そのすべてが必要なわけではないので適宜取捨選択します。また、実用的な業務指示ではWhatの部分が非常に細かくなることが多いので、実際にはもっと細分化しなければいけないことも多いです。

例えばBTO-PC（受注生産パソコン）の発注をする場合、どんなパーツを使うかの細かな指示がすべてWhatに該当するので、それを単にWhatの一言で代表させるのは非現実的です。繰り返される業務についてはその業務固有のチェックリストを作っておくべきです。

理解するためにはどのような経験が必要か

先に述べた「相手がどんな知識を持っているのか？」という項目にも関連しますが、人間は知識として持っていても経験がない話題については実感が持てないものです。

2001年9月11日の朝、ニューヨークのワールドトレードセンター（WTCビル）はテロ攻撃により倒壊しました。アメリカの繁栄の象徴だったWTCビルがTV画面の中で倒壊していくのを、私は世界の破滅が来たかのような思いで見ていました。（あるアメリカ人の回想）

専門用語もありませんし論理的に難しいところもない文です。しかしこれを日本人が読んでも、「アメリカの繁栄の象徴」や「世界の破滅が来たかのような思い」というフレーズを、実感を持って感じ取るのは難しいはずです。多くの日本人はWTCビルを見慣れているわけではないので、どこか遠い世界の出来事にしか思えないでしょう。こういう場合に使えるのが「ストーリー」を補うか、「たとえ」を使う方法です。ストーリーを使った例を示します。

> (前略) ……倒壊しました。**WTCビルは子どものころから何度も訪れて将来はここで働きたいと憧れていた場所で、実際に20代の数年間は私の職場でもありました。自由の女神とともにそれはアメリカの自由と繁栄の象徴だったのです。**それがTV画面の中で倒壊していくのを……(後略)

個人的な経験、特に感情を伴う記憶に結び付くものがあることを示すと共感を得やすいので、太字部分を補います。さらに、日本人にとってWTCビルよりも有名な「自由の女神」も引き合いに出すとより効果的です。このような部分はたいていNarrativeなスタイルになります。

「たとえ」を使う場合は、読者にとって身近なものを引き合いに出します。

> (前略) ……倒壊しました。WTCビルはアメリカの自由と繁栄の象徴でした。**日本であれば東京タワーや六本木ヒルズをイメージしてもらえばよいでしょう。**それがTV画面の中で倒壊していくのを……(後略)

これが「たとえ」の例ですが、アメリカ人にとってのWTCビルほどの象徴的な意味を「東京タワーや六本木ヒルズ」で表せるのかどうか……というと疑問ではあります。かといって六本木ヒルズを新宿の高層ビル街に変えても似たり寄ったりです。「たとえ話」にはどうしても「適切なたとえがない」という問題がつきまとうので、特に技術的な仕組みの説明をする時は「たとえ」に逃げずに、手間はかかりますが「1＋1＝2」というレベルの基礎的な構造からの積み上げで語ることが望ましいです。

> 本プロジェクトではRDBMSとしてはOSS（オープンソースソフトウェア）系ではなく、信頼性の高い商用製品を採用することを提案します。

例えば上記のような説明をしたとしても、「OSSって何？」というぐらい予備知識のない相手には、「信頼性の高い商用製品」という言葉は実感を持って響きません。それをどうにか伝えたいなら、「ストーリー」か「たとえ」を補います。

ストーリーであれば、「商用DBの信頼性に助けられた実体験」「信頼性を高めるために商用DBがたどってきた発達史」「実際に起こりうる障害パターンとそこからの復旧のシナリオ」といったものが候補ですし、たとえを使うなら「商用DBがプロレスラーとすれば、OSS製品は高校生の柔道選手みたいなものです。陸上競技場を走るだけなら高校生のほうが速いかもしれませんが、叩かれても蹴られてもしぶとく起き上がってくるのはプロレスラーのほうです。ただしその分、大飯喰らいです」といったものが考えられます。

特に「たとえ」のほうはDBを格闘家に例えるような、「お前それ何の関係もないだろ」というブッ飛んだものも使えたりしますが、こういうものを使ってよいかどうかは一長一短です。何の関係もないたとえで納得してしまう人もいますし、ごまかされたような気がして不愉快に思う人もいます。もし通じていないようなら別な言い方を探ります。

意思決定のカギを握る要素は何か

「提案」を受けた人がそれに対して「やる／やらない」という決断を下す、その意思決定のカギを握る要素は知っておかなければなりません。前に書いた「どんな疑問を持つか？」という項目は一般論としての考え方なのに対して、こちらの項目は特定の相手を限定して考えるものです。

予算の乏しい相手に向かって「値段は高いですが性能は最高です」と訴えても上手く行くわけがありませんし、ノンストップの可用性を最重要視する相手に向かって「最もコストパフォーマンスに優れた提案」をしても意味はありません。その時話をする相手の判断基準を知っておくことが大事です。

この「判断基準」には大まかに3つの要素が関係します。

1. ベースの価値観
2. その時のビジネス環境
3. 将来の目指す方向性

「価値観」に関して一番有名なのは、Apple社の故スティーブ・ジョブズでしょう。彼は自分の強烈な美意識を優先して製品戦略を決定していたことで知られています。その「美しさ最優先」という価値観は、良くも悪しくもさまざまな影響を周囲に与えてきました。

いくつかその例を挙げてみます。

Appleの例1：【熱烈なファンを獲得できる】

Apple製品には、「信者」と呼ばれるほどの熱烈なファンが存在します。明確な価値観を持って設計した製品は、その価値観にピタリとハマる客層からは強烈に支持されることがあるわけで、これはよい影響といえるでしょう。しかしもちろん悪い影響もあります。

Appleの例2：【技術的合理性の軽視】

2010年に同社が発売したiPhone 4は、普通に手に持って通話しようとすると電波感度が極端に低下することがあるという、当時「アンテナゲート」と呼ばれた不具合を起こし大問題になりました。のちにこの件は、Appleのアンテナ技術者が製品設計の初期段階から警告していたにもかかわらず、ジョブズがそのデザインを大いに気に入っていたために無視されてしまった、とウォールストリートジャーナルが報じています[注3.1]。

この種の問題は、技術者にとって難題中の難題です。技術的には問題が明らかであり、それが多くのユーザーに不便な思いをさせることが予想できるにもかかわらず、それを訴えても通じないわけです。技術者の立場からは「こんなに説明してもわからんのなら、勝手にしろ！」と捨て台詞でも残して会社を辞めたくなるような話です。実際、「辞める」という選択肢も持つべきでしょう。

とはいえ、「ほな、さいなら」で手を切るのは最後の手段ですから、その前にできる努力はするべきです。それには、そもそも「価値観」という技術的合理性とはかけ離れた基準で行動する人間がいる、という事実は認識しておかなければなりません。

Appleの例3：【価値観に合わない市場の軽視】

ジョブズが小画面タブレットもしくは大画面スマートフォンの発売に反対していたのも有名な話です。しかし、合理的に考えるなら「最適な画面サイズ」は用途によって違うのが当たり前で、ジョブズの死後はApple社もiPad mini、iPhone 5、iPhone 6とサイズの多様化に舵を切っています。技術的合理性と同様、これも「価値観が間違った意志決定を招く」例といえます。

3つの例からわかること

3つ例を挙げましたが、強い価値観を持つ人間に対しては技術視点やビジネス視点での合理的なロジックだけでは説得しきれない傾向があります。少なくとも「あなたの価値観には反しない提案ですよ」という演出をしておくべきです。

一方、「価値観」以外の残る2つ、「ビジネス環境」と「将来の方向性」はロジックで語れます。「その時のビジネス環境」は例えばシステム導入に

注3.1：Apple Knew of iPhone Antenna Risks - WSJ
http://www.wsj.com/articles/SB10001424052748704682604575369311876558240

よってコストがいくら下がる、売り上げがいくら上がる、といった計算できる投資／収益の議論であり、基本的に短期の話です。それに対して「将来の目指す方向性」はあくまでも「将来」のことなので計算することは困難です。

- オープンソースソフトウェア市場の拡大を見越して、そのための開発を手がけたい
- IoTのニーズ拡大に備えて、組み込み系に強い技術者を採用すべき

こういった、長い目で見なければならない提案についてはハッキリとした計算をすることは難しいでしょう。しかし「A（IoTのニーズ拡大）が予想できるから、B（組み込み系に強い技術者を採用）をすべき」というロジックは論理的につじつまがあっている必要があります。

どのようなインストラクションが必要か

インストラクションというのは指示命令のことで、「○○してください／します」という言葉で表現できる説明が当てはまります。

例：あるソフトウェアのインストールガイドの一部

1. ABCinstall.zip ファイルをダウンロードします。
2. ファイルを展開して任意のディレクトリに配置してください。展開されるファイルはデフォルトでは「abc」という名前のディレクトリ内に入っています。
3. ファイルを展開したディレクトリに合わせて設定ファイルを修正します。設定ファイルは「(インストール先ディレクトリ)¥abc¥conf¥」ディレクトリに入っている「abc.conf」ファイルです。

これがインストラクションの例です。インストラクションは第1章の**図1.2**「状況把握／方針立案／報告・提案／作業記述を区別する」の中でいう

「作業計画」に該当する情報です。特にこの作業計画段階の情報は量が多くなる傾向があり、1つでも漏れるとシステムが上手く動かない（インストールガイドであれば、インストールに失敗する）などの問題を起こすため、必要なインストラクションをプランニング段階で網羅しておかなければなりません。

書き方としては、ここで例に挙げたような数項目程度のものであれば単なる箇条書きでも大きな問題は起こしませんが、これが1ページも続くような時はわかりやすいフォーマットを工夫したほうがよくなります。詳しくは3.2節「ライティングのコツ」の項目で後述します。

アーキテクチャを書く必要があるか

インストラクションとアーキテクチャの違いも考えておく必要があります。

アーキテクチャというのはインストラクションの前提となる構造のことで、地図と道案内の関係をイメージするとわかりやすいでしょう（**図3.4**）。

作業計画段階ではインストラクションの情報が中心になる。
しかし、アーキテクチャの情報が不要なのかどうかはよく考えること

目的	A駅からBビルまで徒歩で行く		インストラクションは目的に直結した情報
インストラクション	A駅北口を出て真っすぐ 100メートルほど歩き、最初の交差点を左折 30 メートルほど歩いた郵便局の角を右に曲がるとすぐ	道案内	
アーキテクチャ	A駅周辺の市街地構造	市街地地図	

図3.4：アーキテクチャとインストラクション

「A駅からBビルまで徒歩で行く」という目的に対して、「A駅北口を出て真っすぐ……」という風にひとつひとつ手順を示すのがインストラクションであり、普通は「道案内」と呼ばれます。一方そのインストラクションは「A駅周辺の市街地構造」というアーキテクチャから導かれるものです。

ここで問題になるのが、「インストラクションだけでいいのか？　アーキテクチャを説明する必要はないのか？」ということです。この話の場合、「アーキテクチャの説明」とは市街地地図を見せることです。

道案内に使う地図程度の情報であれば、普通は専門知識がなくても理解できるので、「市街地地図」そのものを見せて道案内として使う場合もあります。

しかしある程度専門的な情報になると、インストラクションとアーキテクチャの説明が分離されるようになります。例えば、インストールガイドにはたいていインストラクションしか書かれていません。一般に「操作マニュアル」や「業務マニュアル」と呼ばれる文書はインストラクションを中心に書いていて、アーキテクチャを省略しています。

というのも、アーキテクチャの情報は理解するのが難しいことが多いからです。その割に定型業務をしている間は必要ないので、マニュアルにしたがって仕事をしてもらうオペレーターにはインストラクションのみを書いたマニュアルを渡し、アーキテクチャは説明しないのが普通です。

しかし、本当にそれでいいのかについてはよく考えておいてください。インストラクションは専門知識がなくても理解できますが、「A駅を下りたところからBビルまで行く」という特定の状況における特定の目的に限定して書かれているため、ちょっとでも状況が違うと手も足も出なくなります。

アーキテクチャを記載した市街地地図なら「曲がる道を1本間違えた」とか「市内の別なCビルからBビルまで行きたい」といった場合でも役に立ちますが、地図がなく、文字だけで書かれたA駅からの道案内ではお手上げです。一般に、アーキテクチャを知らない人間にはトラブルシューティングはできません。

それが第2章の**図2.4**で触れた「知識（概念）理解」と「手順理解」の違

いです。技術者教育をする時はアーキテクチャという「概念」を理解させる必要があるので、インストラクション（手順）だけでは不十分です。技術解説をする時は、アーキテクチャとインストラクションのバランスに注意を払う必要があります。

相手は何に迷うのか

特に「教育」をする時には、相手が迷うポイントがあるはずです。そのため、何に迷うかを想定して適切な説明をしなければなりません。例として、TCP/IP通信技術の勉強を始めたころによく迷うポイントの1つであるIPアドレスとMACアドレスについての「いいかげんな」説明を示します。

【アドレス】

- アドレスとはネットワーク上で通信相手の機器を識別するために使われる符号のことをいう
- IPアドレスとMACアドレスの2種類があり、IPアドレスはインターネット上で使われるアドレスであり、MACアドレスはネットワークインターフェースコントローラに付与される、世界中で重複しないアドレスである

これはお世辞にもよい説明とはいえませんので、初心者が読むと脳内が「？？？？」という状態になるはずです。

かといって、正しい説明をしようとすると専門用語がさらに増え、文字数もこれの10倍では済まないくらい必要になります。ネットワークの物理層に近いレベルの仕組みをきちんと理解させたい時には避けては通れない部分ですが、アプリケーションプログラマー向けの教育をする時にそこまで触れるのは時間の無駄です。

このような場合の対処方法は大まかに2つあります。1つは、迷いが生じる部分を切り捨ててしまう方法。もう1つは、「わかった気がする」レベルに簡略化した形で両者の違いを可視化してやる方法です。

「切り捨て」の例

まず、「切り捨て」の例を下記に挙げます。

【アドレス】

- アドレスとはネットワーク上で通信相手の機器を識別するために使われる符号のことをいう
- IPアドレスとMACアドレスの2種類があるが、アプリケーションで意識する必要があるのはIPアドレスのみであり、MACアドレスについては通常知る必要はない

「通常知る必要はない」とバッサリ切り捨てているのがハッキリすれば、学習者も安心して忘れることができます。アプリケーションプログラマー向けの教育である、と割り切ればこういうことができます。だからこそ、「誰に、何のために説明するのか」を明確にすることが非常に重要なのですね。もちろん、ネットワーク技術者を養成するための教育であればこんなことはしません。

違いを可視化する例

一方、「わかった気がする」ように可視化してやる方法の例は下記の図になります。

ネットワーク技術のサンプルなので、IPとMACについてある程度知識がないとわかりにくいと思いますが、よくわからなければここは飛ばしてください。**図3.5**は以下のような違いを可視化することを意図した図です。

1. MACアドレスは、IPアドレスよりも物理層に近いところで働くアドレスである
2. 通常、AP側からはMACアドレスを意識する必要はない
3. MACアドレスはNIC（ネットワークインターフェースカード）が持つアドレスであり、IPアドレスはOSに設定するアドレスである

4. IPアドレスはネットワーク単位で似たアドレスが使われるが、MACアドレスはそうならない

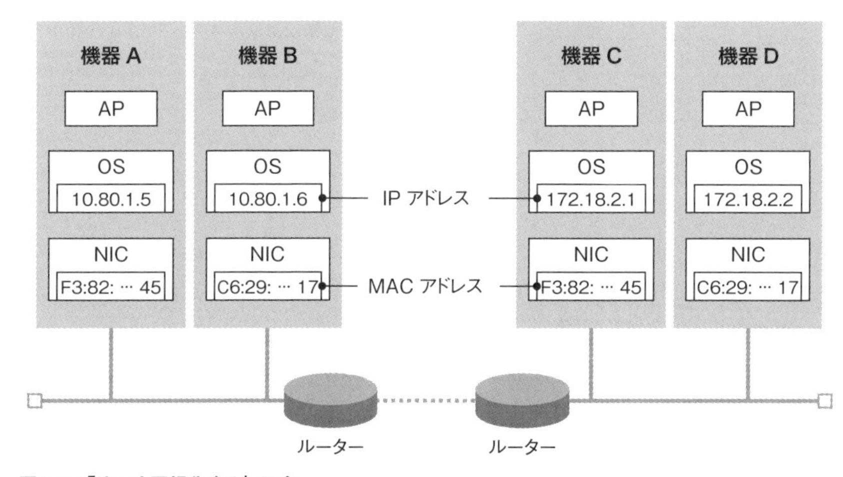

図3.5：「違いを可視化する」工夫

注意してほしいのは、上記1.～3.については**図3.5**の中で「視線を上下方向に動かすとわかるもの」なのに対して、4.は「視線を『IPアドレス』の段と『MACアドレス』の段で左右方向に動かしてわかるもの」だということです。

図表を作る時のポイント

私の経験上、

> 1つの図の中で視線を上下または左右の一方向にのみ動かすことで、違いがわかる

ように図を書くことは非常に重要です。「迷い」が起きそうなポイントについて、その迷いに答えを与えてくれる「違い」を整理して、上下・左右に視線をずらすだけで違いを確認できるような図表を作ってみてください。

迷わせるべきか否か

「迷い」に関連してもう1つ考えなければならないのは、「そもそも迷わせるべきか否か」です。意外なことかもしれませんが、「情報の受け手が迷わず理解できる説明がよい説明であるとは限らない」のです。

迷ってもらったほうが、理解が進むし納得度合いも高くなる

という場面が実は存在します。

大まかにいって、**図2.4**の中で「知識（概念）理解」を求める場合は、迷ってもらったほうがいい場合が多くなります。というのは、理解できずに迷って考えた末に「あ、そうか、これだ！」と自分で答えを発見する瞬間を経ていないと、本質的な知識というのは身につかないからです。

それに比べると、それ以外の「手順理解」「情報収集」「説得」の場面では「迷い」は必ずしも必要ありません。しかしそれは「迷わせてはいけない」ということではないのでご注意ください。

人間はどうしても「判断」をする時には迷うものです。単調な手順を説明している場合でも、途中で何か判断をして手順が枝分かれする部分が出てくるなら、そこでは迷いが出てきて当然です。逆に、何度か迷って決断したうえで結果についてのフィードバックを受ける経験が不足していると、人間は判断に自信が持てなくなるので、必要ならば「相手が迷うポイント」を入れることをためらわないでください。

3.2 ライティングのコツ

社内勉強会の準備のため、思い当たる材料を手当たり次第に付箋(ふせん)紙に書き出し、会議室のホワイトボードいっぱいに貼り付けて、ある程度整理をしてみた伊吹君。なんとなく流れが見えてきたような気がしたところで赤城さんにも見てもらうことにしました。

「おお、なるほど……うん、なるほど……おお、いいじゃないか！ いいね！　よくできてるよ！」

といいながらいくつかダメ出しもしてくれた赤城さんの言葉を聞くうちに、伊吹君はだんだんうれしくなってきました。

「うん、いろいろダメ出ししたけどさ、でもそれも伊吹君がここまでやったからこそなんだよね。やったからこそツッコミ入れられるわけで、人の意見もらえて成長できるわけだから、この調子で資料にまとめるの、頑張れよ！」

「つなぎ・整形」こそライティングの仕事

上の状況で伊吹君がやっていたのは、「材料出し・整理」の作業であり、それを人に渡せる資料としてまとめるためには、このあとで「つなぎ・整形」が必要です。「材料出し」はプランニングとライティングにまたがった作業ですが、「つなぎ・整形」は完全にライティングの仕事です。この段階で考えなければいけないことを1つずつ見ていきましょう。

書かなければならない文書の種類

説明をするために必要な文書は大まかに3種類存在します（**図3.6**）。

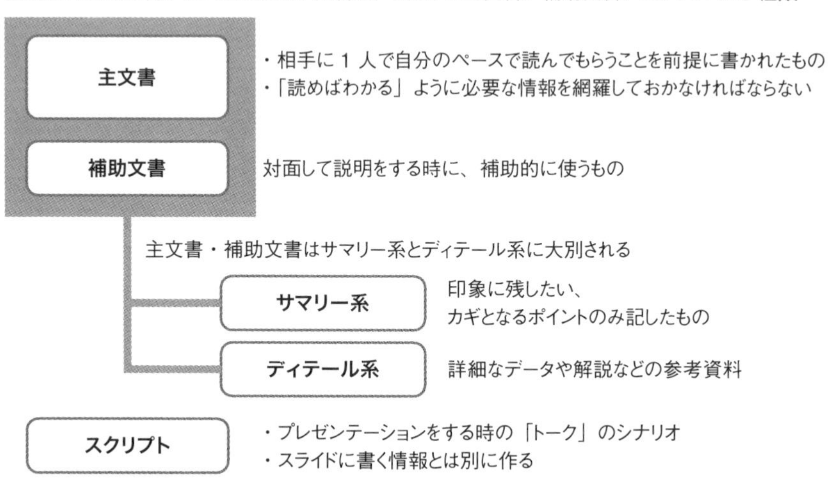

図3.6：書かなければならない文書の種類

「主文書」は、相手に1人で自分のペースで読んでもらうための文書です。製品の操作マニュアル、Webに掲載する技術解説、商品説明、業務連絡メールなどがこれに該当します。「読めばわかる」ように必要な情報は網羅しておくことが求められます。

一方、「補助文書」はプレゼンテーションやインストラクションなど、相手と対面して口頭で説明をする時に補助的に使うものです。対面して話をする場合、特にプレゼンテーションでは「しゃべり」のほうが主役であり、投影するスライドなどの文書はあくまでも補助的な存在です。

3つ目の「スクリプト」は人に見せるためのものではなく、「しゃべる」ためのセリフの流れを組み立てた文書です。特にプレゼンテーションに慣れていないうちは、作ってみるとよいでしょう。

主文書と補助文書はいずれも「記憶してもらうため」のサマリー系と「読まなくていいことを示すため」のディテール系に分かれます。

サマリーとディテール

サマリー系の文書の典型例は、ここまでの図では第2章の**図2.1**～**図2.3**のあたり、それから**図2.12**のような、いずれも文字数の少ないものです。極端にいうと「覚えてほしいキーワードを3つ箇条書きにしただけのページ」のようなものがサマリー系であり、前述のもの以外も含めて、本書でこれまで書いてきた図のほとんどがそれに当たります。

一方、ディテール系の文書は文字通り詳細を記したもので、細かい字でビッシリ書いても問題ありません。

例えばUNIX/Linuxの初心者教育をする場合、テキスト操作によく使われるgrepコマンドの数十種類の起動オプションすべてを詳しく説明する必要はありません。重要なものだけを「サマリー」に書き、すべてのオプションは「ディテール」に書くといった使い分けをします。

サマリーとディテールは明確に区別しておこう

ディテールは詳細を書くものですから、どうしても文字数が多くなり、読者にとっての読む負担が増えます。通常、ディテールの情報はすべてを精読する必要はありません。UNIX/Linuxのベテランでも、grepコマンドのすべての起動オプションなど知らないものです。

ディテール情報については、「これは参考までに載せてあるだけで、精読しなくてもいいよ」ということを明示しておくのが肝心です。

説明が苦手な方からはよく「どこまで詳しく書けばいいのかわからない」という悩みを聞きますが、サマリーとディテールの区別をきっちり付ければこの悩みは解決します。「この部分は精読する必要がないディテールだよ」と明示することさえできれば、どんなに細かく書いてもいいのです。

しかし、これができている人が少ないのもまた事実です。どんな人に対して、どんな目的で、何を説明しようとしているのか、その情報をきちんと整理できていないとサマリーとディテールの区別ができませんので、その場合はプランニングに立ち返って考えてください。

COLUMN

設計思想レベルの情報を明確にしたい

人事関係の業務用パッケージを開発・販売している会社で、システム導入をするお客さま向けの業務設計をされている梶山さん（仮名）にお話を伺いました。

■ ■ ■

――梶山さんが仕事をする上で「説明」に関して困るのはどのような場面でしょうか。

梶山：自分がパッケージの仕様や業務フローをお客さまに説明する時と、開発側の技術資料が要領を得ない時の、大きく2つあります。

――後者のケースは説明を受ける側の立場で、でしょうか。

梶山：そうですね。私の仕事は開発ではなく導入に当たっての業務設計なので、基本的にはパッケージの仕様を前提に、それを個別のお客さまの現場で費用対効果を検討しながらどのように運用するかを決める役割です。そのためには前提として仕様がわかっていなければならないんですが、開発側から来る資料を見てもよくわからないことがあるんですよ。おおまかにいうとこんなイメージです。

システムは何かの課題を解決するために作りますよね。課題は、給与計算をしたいとか、勤怠管理をしたいとか、「○○したい」という形で表現できることが多いです。それをシステムとして実現するためには具体的なモデルを作る必要があります。モデルというのは言い方を変えると「データ構造」と「そのデータと関連性の高い、インプット、プロセス、アウトプットのイメージ」です。そしてそのモデルを操作するUIを人間に提供するために画面を作ります。

ここで1つ困るのが、画面の説明書はあってもモデルがきちんと説明されていない、というケースがよくあるんです。

――それは非常によくあるパターンですね。画面はキャプチャして項目ごとに数行書けば説明書ができてしまうから作りやすいんですよね。ユーザーは画面ばかり注目しがちなので、ベンダーもモデルを明確にする作業を怠りがちです。

梶山：そうなんです。モデルを説明して欲しいのにそれをわかりやすく書いてある資料が少ないです。あともう1つは「設計思想」ですね。これはモデルを作る上での基本的な考え方の方針みたいなものです。

例を挙げると、2大航空機メーカーのエアバスとボーイングでは安全制御に関する設計思想が違うことが知られています。人間の操作とオートパイロットが衝突した時に、ボーイングは「機械では判断できない極限状況では人間の知性に頼る」として人間の操作を優先し、エアバスは「人為的ミスによる重大事故を防ぐ」ためにオートパイロットを優先する、というもの。モデルを理解するためにはこういう設計思想レベルの話も重要なのですが、明示されていないことが多いです。場合によっては設計者自身も自覚していないこともあります。

開発サイドがそのへんの情報をもっとわかりやすく提供してくれると業務設計がしやすいですし、初期の設計者がいなくなってしまって思想が引き継がれない事態も防げるのになあ、と、そこはもどかしく思うことが多いです。

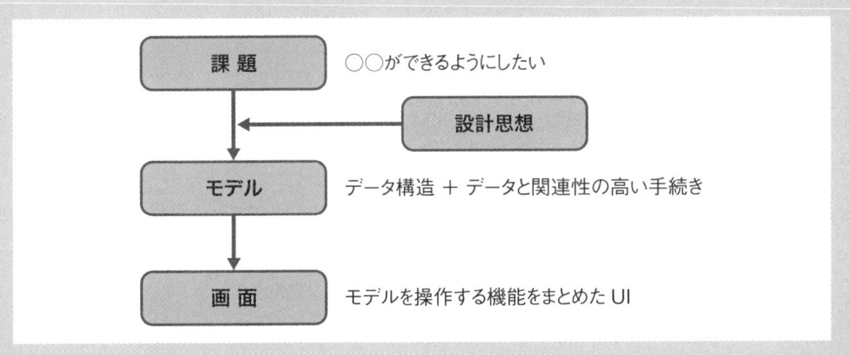

開発から来た資料のイメージ

プレゼンテーションのセリフの流れはあらかじめ考えておく

プレゼンテーションが苦手な方はぜひ「スクリプト」を作ってみてください。例を**図3.7**に示します。

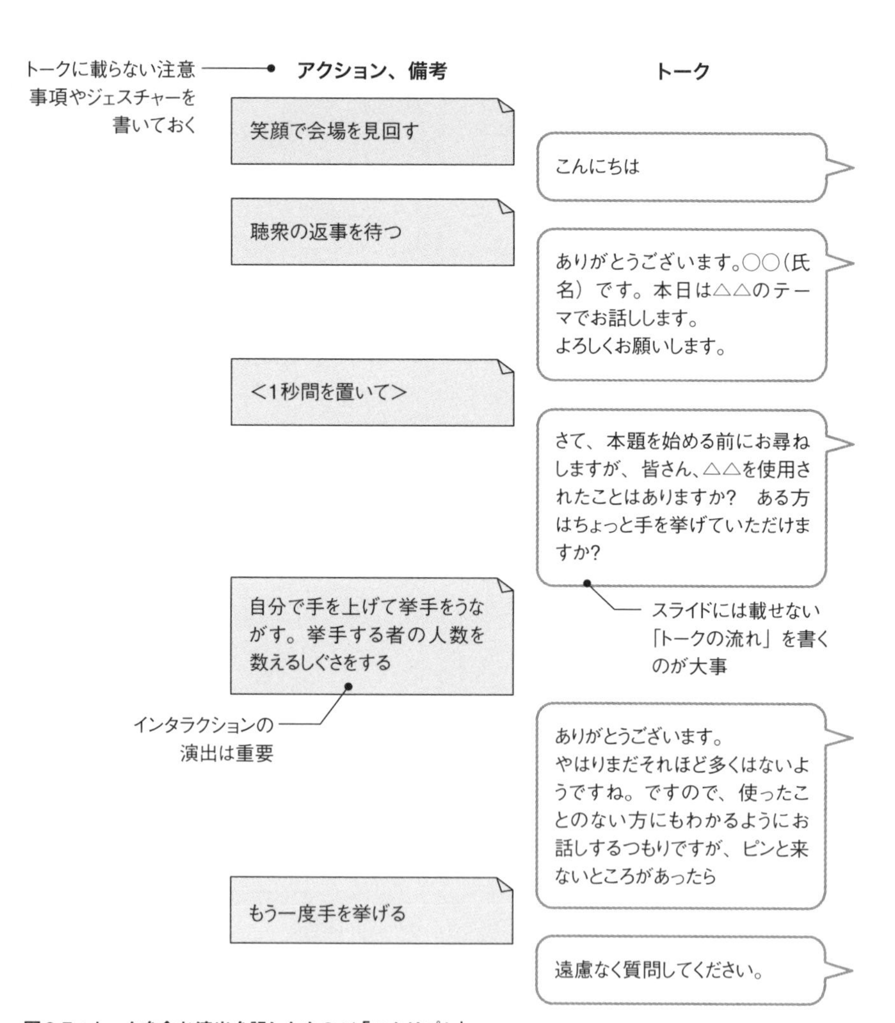

図3.7：トークを含む演出を記したものが「スクリプト」

スクリプトというのは映画やアニメでいうなら台本です。ご覧のように細かいトーク（セリフ）やジェスチャー、アクションも書いておきます。プレゼンテーションに慣れてきたらここまで作る必要はありませんが、最初のうちはぜひやってみてください。

なぜスクリプトを作るのか：4つのメリット

説明する相手に見せるものではありませんが、スクリプトを作ることによって次のようなメリットが得られます。

メリット1：誤解しやすい言葉に気が付くことができる

聞き間違えやすい同音異義語、似ている単語や専門知識を必要とする単語、言い回しに気が付きます。

メリット2：ジェスチャー／アクションを意識することができる

プレゼンテーション慣れしていない人を見ていていつももどかしく思うのがここです。ちょっとしたジェスチャーを入れることで非常に効果的になる部分でも、なかなかプレゼンテーション初心者はできません。できるようになるためには意識しなければならないので、ジェスチャーも含めてシナリオを書いておくことでそれが可能になります。上手い人のプレゼンテーションを見てスクリプトを起こしてみるのも非常によい勉強になるので、試してみてください。

メリット3：つなぎの言葉を上手く組み立てられるようになる

「つなぎの言葉」というのは、ある話題と別な話題をつなぐ言葉です。典型的には、プレゼンテーション用のスライドを切り替える時に使います。

あるスライドについての話を終わって次に進む時に、「それでは次のスライドです」だけではなかなか上手く話がつながらないのが普通なので、どんなセリフで「間をつなぐか」を想定しておくわけです。

通常、つなぎの言葉はスライドには書かれません。そしてこれを苦手としている人は非常に多いものです。話すテーマとは関係のない部分なので、テーマを整理するのに意識がいっぱいになっていると、つなぎ言葉にまで頭が回らないのだと思いますが、実際に上手く話をするためには非常に大事な部分ですので、きちんと考えておきましょう。

スクリプトはプレゼンテーションをする時のセリフをそのまま想定して書きます。しかし実際にプレゼンテーションの現場に立ってしゃべり始めると、なかなか上手く話がつながらないもので、「ああ、これではダメだ」と気が付くことが私もよくありました。

「想定したつもりでも現実にはわかっていない」ということに気が付くこと、それがスクリプトを作る3つ目のメリットです。

メリット4：文字数を減らすために役立つ

プレゼンテーションをする時に使うスライド（補助文書）の作り方のコツとしてうんざりするぐらいによくいわれるのが「文字数を減らせ」ということですが、それがわかっていてもなかなかできないのも事実です。実はスクリプトを書くことはスライドの文字数を減らすためにも役に立ちます。

文字数が増えてしまう理由の1つに、「しゃべる時は必要でも、スライドには載せなくてもよいセリフ」を書いてしまっていることがあります。書いていないと不安だから書いてしまうのです。

そういう「たぶんいらないと思うけれど書いていないと不安」な部分はスクリプトに載せておけば、スライドからは安心して削れるようになります。

例として、プレゼンテーション用に**図3.6**の文字数を減らしたバージョンを載せておきましょう。

図3.8を先ほど出てきた**図3.6**と比べてみてください。「しゃべる」ことで細部を補える場合は**図3.8**の書き方で十分ですが、「1人で読んでもらう」ための文書だったら、**図3.6**のようにしゃべりの部分も書く必要があります。しゃべることと書くことを自覚的に使い分けるために、スクリプトを書いてみることをおすすめします。

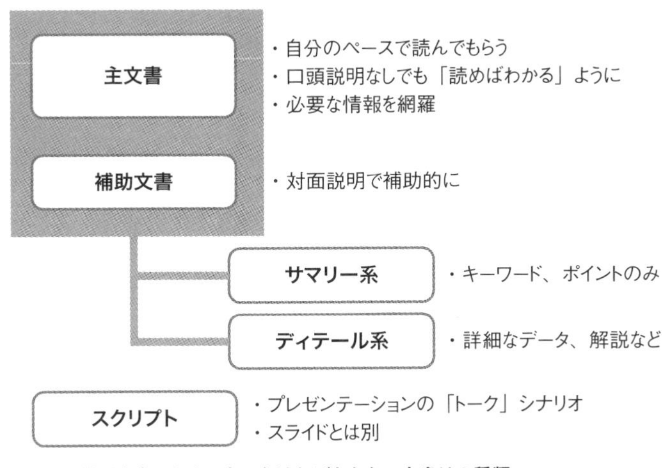

図3.8：説明をするために書かなければならない文書は3種類

「つなぎ・整形」とは何か

ライティングの作業は大まかに「材料出し・整理」と「つなぎ・整形」に分かれます。

これは第2章の**図2.13**で説明した「材料出し→分類・ラベリング→文章化・図解化」を別な名前で呼んでいるだけで、本質的には同じ作業です。ここでは実例を見てみましょう（**図3.9**）。

例えば「プログラミング初心者向きの言語は何？」というテーマがあるとして、そのテーマで思い当たることを手当たり次第に列挙していくのが「材料出し」です。この段階では自分にさえわかればよいので、日本語として成り立っている必要もなく、キーワードを書き殴ったメモ程度のものでかまいません。

次にそれを「整理」します。材料出しで出てきた4箇条を「結論＋理由3つ」に構造化したり、理由に「簡単に作れる」「勉強しやすい」「仕事に役立つ」などのラベルを付けたりするのが「整理」の作業です。ここまでは1章でも触れているのですでにおわかりでしょう。

整理を終えたら、実際に使う場面に合わせて「つなぎ・整形」をします。

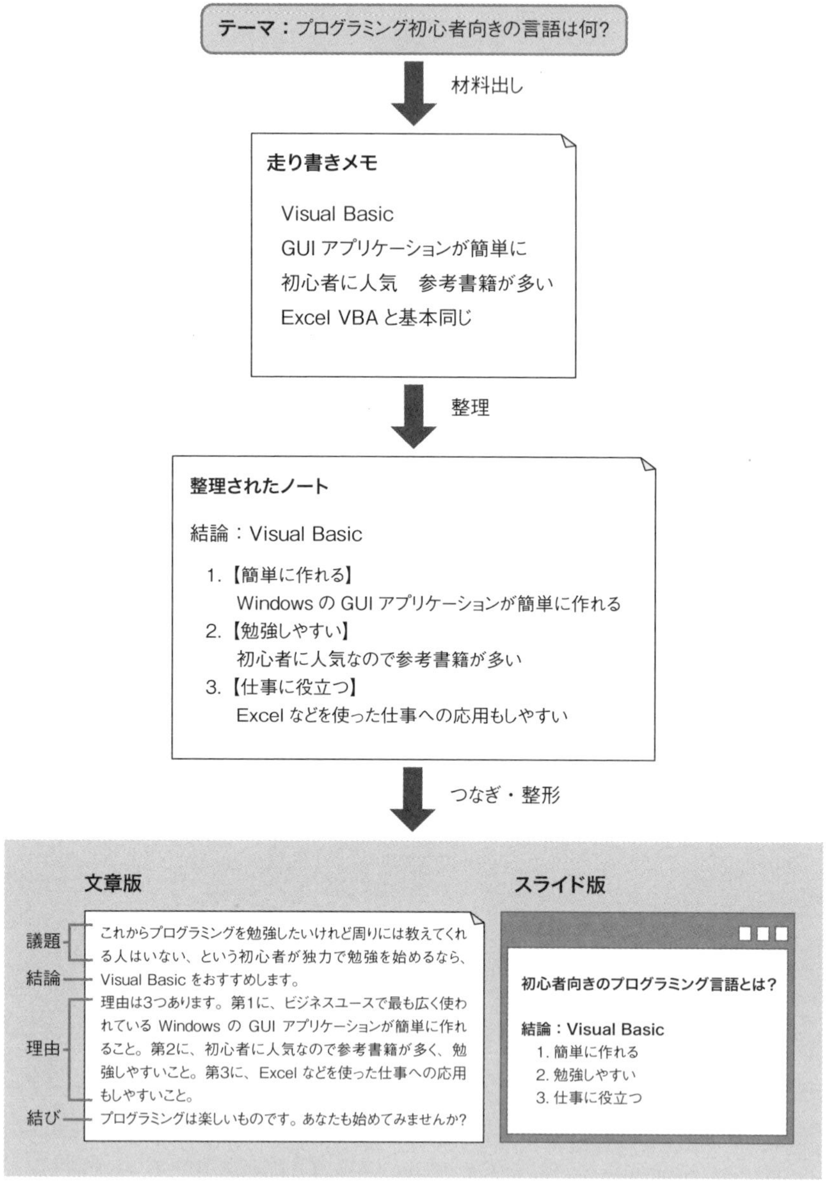

テーマ：プログラミング初心者向きの言語は何?

走り書きメモ

Visual Basic
GUI アプリケーションが簡単に
初心者に人気　参考書籍が多い
Excel VBA と基本同じ

整理されたノート

結論：Visual Basic

1. 【簡単に作れる】
   Windows の GUI アプリケーションが簡単に作れる
2. 【勉強しやすい】
   初心者に人気なので参考書籍が多い
3. 【仕事に役立つ】
   Excel などを使った仕事への応用もしやすい

文章版

議題：これからプログラミングを勉強したいけれど周りには教えてくれる人はいない、という初心者が独力で勉強を始めるなら、
結論：Visual Basic をおすすめします。
理由：理由は3つあります。第1に、ビジネスユースで最も広く使われている Windows の GUI アプリケーションが簡単に作れること。第2に、初心者に人気なので参考書籍が多く、勉強しやすいこと。第3に、Excel などを使った仕事への応用もしやすいこと。
結び：プログラミングは楽しいものです。あなたも始めてみませんか?

スライド版

初心者向きのプログラミング言語とは?

結論：Visual Basic
1. 簡単に作れる
2. 勉強しやすい
3. 仕事に役立つ

図3.9：材料出し・整理→つなぎ・整形

その結果を「文章版」と「スライド版」の2通り掲載しておきましたので、比べてみてください。

文章版のほうは、ブログやSNSメディア、あるいは新聞・雑誌・社内報などに記事として掲載したりメールで配信したりするためのものです。こちらは図解も併用するとしても「文章」がどうしても必要なため、「理由は3つあります」といった、口頭で説明するなら「スライドには書かず、しゃべるだけ」で済むような表現も書いておかなければなりません。それが「つなぎ」です。

文章の流れを整えるための「つなぎ」を入れる

「つなぎ」というのは話のテーマとは別で、流れを読みやすくするために使うちょっとした表現のことです。この例では、「第1に〜こと、第2に〜こと、第3に〜こと」と、いった「番号＋こと」パターンの繰り返し、また、全体を「議題→結論→理由→結び」の流れに構成しているのも「つなぎ」の一種です。

こうした「つなぎ表現」は、話題がテクノロジーであろうとあるいは歴史や芸術であろうと、分野を問わずに使えるものですが、普段文章を書き慣れていないとなかなか使いこなせません。ですので、苦手な場合はこうした「つなぎ・整形」の段階は得意な人に頼むほうがよいでしょう。

もちろん、自分でもできるようになるための練習をするのはよいことですが、短期間に身につくスキルではありませんので、例えば明日提出する書類をどうにかよくしたい、という場合は得意な人の手を借りないとどうにもなりません。

一方、スライド版のほうは文章版に比べて圧倒的に文字数が少なく済みます。その分、スライドに載せていない「つなぎ表現」は口頭でしゃべらなければなりません。また、文章の場合は特に「整形」の必要はありませんが、スライドにするなら行頭インデントやフォントを揃えたりする最低限の処理は必要ですし、図解を使う場合はさらにビジュアルの調整に気を使わなければなりません。

「材料出し・整理」を済ませてから「つなぎ・整形」を行おう

注意してほしいのは、「材料出し・整理」と「つなぎ・整形」を同時にやらないほうがよい、ということです。説明が苦手な人の中は、いきなり文章やPowerPointのスライドを書き始めていることがありますが、本来それは「材料出し・整理」を終えたあとにするべきものです。

図3.10を見てみましょう。例えば、ある技術分野の技術解説をするような場合、まずはその分野のプロフェッショナルが「材料出し」をして乱雑なメモを作り、それを整理したうえで、それをさらに「つなぎ・整形」をして目的に応じたコンテンツを作るのが標準的な段取りです。

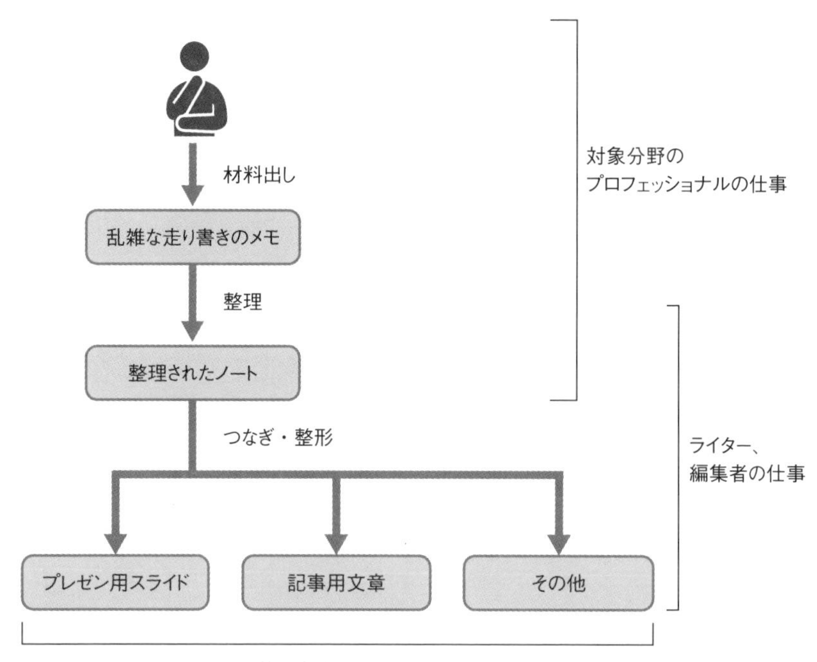

図3.10：「材料出し・整理」を済ませてから「つなぎ・整形」を行う

このうち、材料出しと整理までは対象となる技術分野のプロフェッショナルがすべき仕事ですが、「つなぎ・整形」の部分はライターや編集者に向いた仕事です。「説明が苦手なのにいきなり文章やスライドを書こうとしている技術プロフェッショナル」というのは、自分が一番苦手なところに手を出していることになります。まずは材料出しをしてください。

この段階では、キーワードを連ねたような乱雑なメモでかまいません。文章にする必要も、キレイなスライドにする必要もないので、テーマの本題にかかわる部分にだけ頭を使ってください。

「つなぎ・整形」はライティングのプロに任せるべきか

「つなぎ・整形」の部分はライターや編集者に向いた仕事であると書きましたが、そこはプロのライターや編集者に任せるべきなのでしょうか？

当然ですが、プロに頼むとお金と時間がかかります。したがってその予算と時間を確保する価値のある内容ならばともかく、そうでなければ得意でなかったとしてもエンジニアが自力でやる必要があります。実際のところ、エンジニアが日常的に書く書類のうち、後工程（つなぎ・整形）をライターや編集者に頼めるものはざっくりいって1%もないでしょう。

それを考えると、プロのライターのレベルに達する必要はないにしても、「つなぎ・整形」のスキルもある程度は身につけておくべきです。

「整理」は誰がするべき仕事か

図3.10で私は「整理」について「対象分野のプロフェッショナル」と「ライター、編集者」の両者にまたがった仕事として書きましたが、実際のところここを誰がするべきかは人によります。

ライターが対象分野をよく知っていて、かつ整理能力の高い人物ならライターがやるほうがいいですが、そうでないなら技術プロフェッショナルがやるべきです。もちろん、2人の共同作業でやってもかまいません。

なぜ「整理」が必要か

ところで、「材料出し」と「つなぎ・整形」の間に、いったん「整理」という工程を置くのはなぜでしょうか？　その答えは次の通りです。

- 「整理されたノート」はコンテンツの見せ方に左右されない基本ロジックを示してくれる
- 「整理」をきちんとやっておくと、その後目的に応じて違うコンテンツを作るのが楽になる

「目的に応じたコンテンツ」を作るためには、その目的ごとに違ったスキルが必要です。

例えば**図3.9**をもう一度見てみましょう。「文章版」を作るためには、当然、文章を書くスキルが必要です。一方「スライド版」のほうなら文章はいりませんが、フォントやイメージ画像を選んだり会社のロゴを載せたりといったビジュアルデザイン系のスキルが必要です。それでいて、スライド版が残っていてもこれだけでは情報が少なすぎてこれをもとに文章版を作るのは難しく、逆に文章版のほうは情報が多すぎるためにここからスライド版を作るのは手間がかかります。

そこで、いったんロジックだけを整理したノートを作っておくと、それをもとに必要な加工を施して文章であれスライドであれ、目的に応じたコンテンツへ組み替えるのがしやすくなるわけです。

最終的に人に見せるのは「文章」「スライド」のように「目的に応じたコンテンツ」部分であることが多いのですが、その前に論理構造を整理する作業をしておくほうがよいのです。

まとめ

資料配布のみで済ませる場合はコンテンツを用意したところで仕事はほぼ終わりですが、口頭説明（＝プレゼンテーション）が必要な場合はこのあといよいよ「デリバリー」という本番が待っています。

デリバリーについての基本テクニックは数も少なく、分野を問わず共通で何年たっても変わらず、一度覚えたらなかなか忘れないうえに少しの練習で格段にレベルが上がるので、ぜひ試してみてください。知識を持ったうえで実践で試して場数を踏むことが、どんな場合でも上達の近道です。

それでは第4章、デリバリーの基本テクニックへ進みましょう。

紙媒体の文章を書くのはよいトレーニングになる

以前、ある小冊子の執筆を依頼されたことがありました。その小冊子は見開き2ページ、約1400字を1単位として構成するのが基本だったため、1つのテーマについての文章がちょうど2ページに収まるように書く必要がありました。

こうした紙媒体の文章がWebメディアと違うのは、文字数の制約が大きいこと。「1400字」というのも実際は目安でしかなく、現実には20字×70行といった文字数・行数で紙面を組むので、改行位置などの都合によっては1文字増やしたら改行位置がずれて1行分増えてしまうようなことが起きます。

私が書いた分量は初めはほとんどが80行や90行ぐらいになったため、そこから70行に収めるように削らなければなりませんでした。その作業をしていて感じたのが、次のことです。

> 一定の尺（この場合は文字数）の決まっている原稿を書くのは、文章力を上げるためのよいトレーニングになる

つまり、紙媒体で「文字数×行数」という形で制約があるものを書くことが「文章を書く」力を付ける上で効果的だということです。

まず、「文字数×行数」の制約に合わせるには、一度書いた文章の表現を変えたり削ったりする必要があり、これを考えることで「いろいろな表現を考える」練習になります。例えば、

> 紙媒体の文章がWebメディアと違うのは、文字数の制約が大きいこと
> 紙媒体はWebメディアと違って、文字数の制約が大きいもの
> 紙はWebと違い文字数制約が強い
> 紙の文字数制約はWebより強い

これらはほぼ同じ意味で理解できますが文字数は最大2倍違います。後半は「媒体」や「メディア」という単語まで削っていますが、文脈でわかるようなら省略しても通じます。しかし省略しようとすると「ここは文脈でわかるから削っても通じるな」という見極めをする必要があるため、読者がどのぐらい理解しているかを想定しなければなりません。これがわかりやすい文章を書くために役に立ちます。

また、「文字数×行数」の制約に合わせて書こうとすると、こうした表現の工夫をいろいろと考えなければならないので、その分だけ自分が使える表現の種類が増えます。つまりワンパターンではない書き方を身につけられるわけです。

そんなわけで、「文章を書く力を上げたい」と願うあなた！　ブログやFacebook、twitterやLINEのようなWebメディアを使う時も、ときどき、「文字数×行数」の制約を付けて文章を書いてみませんか。twitterは140字の制約がありますが、ある程度長い内容を書こうとすると1ツイートで収まらないので何度もツイートすることになります。そんな時にこれを思い出してください。

特に、「削る」時にあれこれと表現の組み替え案を考えなければいけないので、一度書いた文章を「半分に縮める」(極端すぎるなら3割縮めるとか)といった目標を設定して書いてみるのがおすすめです。

第4章

デリバリー：口頭説明の技術を知っておこう

いわゆる「プレゼンテーション」は、スライドを使いつつも口頭で説明するための特有の技術が存在します。それらは知って練習しさえすれば簡単なものですのでまずは知ることから始めましょう。

本章ではボイスコントロール、ジェスチャー、インタラクション、プレゼンスという口頭説明特有の4種類の技術を解説します。

4.1 口頭説明の技術とは？

勉強会の本番開催を明日に控えて、伊吹君はリハーサルをしてみることにしました。

「……というわけで、赤城さん、リハーサルを見てもらってアドバイスをお願いできませんか？」

「ああ、いいよ。伊吹君、今までこういうプレゼンテーションの手法を誰かに教えてもらったことはある？」

「いいえ、ありません」

「まあ、ないのが普通だよね、日本の学校じゃあまりやらないから。でも大丈夫、これからでも十分身につくから、張り切っていこう！」

「はいっ！」

デリバリーは4種類に分類できる

プランニング、ライティングの次はデリバリーです。デリバリーとは、実際に説明を実行することをいいます。非対話型の場合は完成した文書を届けて読んでもらうだけですので、この段階では特に技術は必要ありません。しかし対話型の場合は面と向かって口頭説明をするための特有の技術が存在します。例えば「ハッキリとした声を出す」ことも「技術」のうちなのです。

口頭によるデリバリーの技術は大まかに下記の4種類に分類されます。

- ボイスコントロール（声）
- ジェスチャー（動き）

- インタラクション（対話）
- プレゼンス（存在感）

それぞれ詳しくは後ほど書くとして、これらについて小中学校から高校までの間に正規の授業時間の中で学んだことのある方はどれぐらいいるでしょうか？　例えば「発表をするための声の出し方」や「ジェスチャーの使い方」について体系的に教えてくれたという体験のある方はどうでしょう？

日本の国語教育は「表現力」を軽視してきた

そんな体験はほとんどなかった、という方が多いことでしょう。率直にいってこのことは日本の国語教育の大きな欠陥でした。

大学生または社会人になってから、レポートや論文、報告書、説明書の書き方、あるいは人前でしゃべる、発表する技術をまったく知らないことに気付いて苦労する方が多いのは当然です。日本の国語教育は「文学」かつ「読解」偏重であり、ビジネス実務のコミュニケーションのための「書く／話す」力、つまり「表現力」をまったく育てていなかったのです。

しかし、これからは「書く／話す」表現力を重視したカリキュラムが増えていくはずです。というのは、もう10年以上前からその方向で教育課程の改革が進められているからです。例えば、小中高校での教育内容についての指針を示している学習指導要領では、2011年より「基本的な考え方」として「自ら考え、判断し、表現する力をはぐくむ」「そのために各教科において言語活動を充実させる」という方針が打ち出されています。

<理科>

科学的な思考力や判断力，表現力を育成する観点から，観察，実験などの結果を分析し解釈して自らの考えを導き出す学習活動及びそれらを表現する学習活動を充実する。

これらの学習活動を行う際には，科学的な思考力や判断力を育成する

> 観点から，生徒一人一人にじっくり考えさせるとともに，グループで協議させた後，自らの考えをまとめさせることも考えられる。
> また，口頭での発表，プレゼンテーション，報告書の作成など，多様な表現活動の機会を設定することが大切である。
>
> （出典：2011年版学習指導要領　高等学校版
> 「言語活動の充実に関する指導事例集　第3章　言語活動を充実させる指導と事例」）

学校が「思考力・表現力重視」に変わらざるを得ない理由とは

上記は2011年から適用されている高等学校版ですが、実はこのような方向性は小中学校も含めて2002年版から導入されているもので、今後の日本の教育が変わっていく大きな方向を示していると考えて間違いありません。

もちろん、学習指導要領が変わっても現場の運用がついてこられずに実態としては何も変わらなかった、というケースも多いのですが、この件についてはそうはならないでしょう。というのは、こうした能力を大学卒業までに身につけた人材が欲しい、という経済界からの要請が根底にあるためです。

就職で成果を挙げたい大学はそれに対応せざるを得ませんし、それに応じて入試も変わります。そして入試が変わればそれに合わせて小中高校のカリキュラムも変わらざるを得ない、というメカニズムが働くためです。本書のテーマ外なので詳細は省略しますが、実際すでにこれらの動きは始まっています。

とはいえ、学校でデリバリーの技術を教えてくれるようになるのはまだ将来の話です。現時点で社会人としてIT技術者をしているわれわれは、今まさにそのスキルを必要としているにもかかわらず、きちんと学んだことのない人が大半です。そんな方のために本書でその概要をお伝えします。

今までやったことがなくても大丈夫です。デリバリーの技術はまともに練習すればほんの数日でも見違えるように上達します。少しの練習ですぐに成果が出る種類のスキルなので、ぜひ挑戦してください。

4.2 ボイスコントロール

リハーサル実施中の伊吹君、赤城さんを前にまずは第一声、

「皆様、こんにちは。伊吹です。講師をするのははじめてで、いろいろと慣れないところがあるかと思いますが、よろしくお願いします」

最初のあいさつを終えて早速、赤城さんのダメ出しが飛びました。

「もっと声を大きく出そう！　今の2倍のボリュームで！」

発声練習をしよう

ある知人のプレゼンテーションを見た時のこと、少々頼りない声だったので、「もう少し大きな声で！」とアドバイスしたところ、「運動部だったので、試合でデカイ声を出すのはできるんですが……」と、困ったような表情をされたことがあります。

実際、体育館やグラウンドで気合いを入れるために出すような威勢のよい声をビジネス・プレゼンテーションの場で出しても場違いで、聞き手を驚かせるだけです。

プレゼンテーションの場ではそれにふさわしい声の出し方をしなければならず、それは「運動部のかけごえ発声」とも日常会話とも違うもので、事前に練習しておかなければできないものです。

私が通っていた高校には演劇部と放送局があり、放課後には毎日彼らが発声練習をする声が響いていました。彼らのように毎日やる必要はありませんが、発声のコツをつかむために、一度はある程度まとまった時間を取って発声練習をしてみてください。自転車に乗ることや泳ぐことと同様、一

度できるようになったら忘れることはありませんが、最初のハードルを越えるにはある程度の時間が必要です。

腹式呼吸は必要か

以前ボイストレーニングの実技講座を受講したところ、まず「腹式呼吸」の重要性を教えられたことがあります。その他、私が持っている3冊のボイストレーニング関係の本でもいずれもかなりのページ数を使って腹式呼吸の練習方法について書かれています。

仕組みとしては肺と胃腸や肝臓の間にある横隔膜を上下させることで呼吸する方法であり、腹部を前後に出し入れすることからこの名前があります。発声に限らず、多くのスポーツでも指導されるのでご存じの方も多いことでしょう。

練習法としては、

1. 腹部を膨らませる→しぼませることで、呼吸をする動作を10秒～30秒周期で繰り返す
2. その練習を、発声練習を始める前に1～2分間行う
3. 日常的に生活の中でふと気付いた時にも1分間だけやってみる

といった方法をおすすめします。

1.の動作について、どうしたらいいかわからない方もいるかもしれませんので、簡単に解説します。

まず「ビール腹」を演じるつもりでおなかを思いっきり膨らませたら、今度は逆に腹ぺこを演じるつもりでおなかの皮膚を背骨に付けるようなイメージでへこませてみましょう。ただし、これは感覚をつかむために極端にやる場合の話で、実際のプレゼンテーションをする時には他人が見てわかるほどに腹部を動かす必要はありません。

ただ、私自身はIT技術者がボイストレーニングをする時に腹式呼吸の重要性がそれほど高いとは思いません。プロの役者やアナウンサー、司会者になろうというなら話は別ですが、技術者は「声」だけで仕事をしている人間ではないからです。腹式呼吸の練習を30分続ける暇があったら、その時間に他の練習をしたほうがいいと思います。上記の1.を恥ずかしがらずにやりさえすれば、腹式呼吸の感覚をつかむのには数分あれば十分なはずですので、あとは1週間ぐらい2.と3.をやってみてください。それで基本的なことは学べますので、あとは忘れてしまっても大丈夫です。

ハミング・トレーニング

ハミング・トレーニングというのは劇作家・演出家の鴻上尚史氏の「発声と身体のレッスン」という本で紹介されていた方法で、私は腹式呼吸よりもこちらのトレーニングに時間を割くことをおすすめします。というのは、腹式呼吸は単に腹を出したり引っ込めたりすればいいので技術的な難しさはないのに対して、こちらのほうは技術的難易度が高く、しかも「声」の質にも声量にも直接的に影響があるからです。

練習法としては、

1. 口を閉じて、「ん〜」と声を出す（ハミングする）
2. ハミングしながら、のどや舌、口腔の使い方を工夫し、声の振動が鼻に伝わるようにする
3. その後同じようにして、振動の伝わる場所が「唇」「頭（頭頂部）」「胸」「のど」に変わるように試してみる

これだけです。舌の形を変えたり音程を上下させたりして工夫してください。コツをつかむのが少々難しいですが、できなくても1日5分程度でいいので1週間ぐらいは続けてやってみましょう。目標は「振動の伝わる場所が、鼻・唇・頭・胸・のどに変わることを実感すること」ですが、全部できる必要はありません。

このトレーニングの目的は、「のど、舌、口腔を意識的に動かす感覚をつ

かむこと」です。普通の人は特別に考えなくても幼児のうちにしゃべれるようになってしまうため、自分が声を発する時に「のど、舌、口腔」という体内の器官をどのように使っているのかを意識することがありません。意識することがなければコントロールもできないので、それを「意識的に動かす」感覚をつかむためにこのトレーニングをします。実際にハミングでしゃべるわけではないので、どうしても振動が伝わらない場所が一部あっても問題ありません。

このトレーニングも1日5分・2週間ぐらいやれば、あとは忘れてしまっても大丈夫です。なお、一度に1時間まとめてやるのではなく、2週間に分散させてください。

声色を変えてみる

次は、声色を変えてみるトレーニングです。以下のそれぞれの役割をイメージして、それにふさわしい声を出してみてください。

- 冷静系：NHKのニュース番組のアナウンサー
- かっこいい系：好きなアニメキャラの決めゼリフ
- コミカル系：好きなお笑い芸人の持ちネタ
- かわいい系：好きな女性アイドルのあいさつ
- 迫力系：プロレスラーのマイクパフォーマンス
- 元気系：魚市場の店主、通販番組のナレーター
- 知的系：大学教授、経営コンサルタントなど
- ぼそぼそ系：寝起きのプログラマー

これらは「声色を変えてみる」ことに意味があるので、全部をやる必要はありませんし、細かいところは自分のイメージが合うもの、知っているものに変えて試してみましょう。例えば大学教授といっても知的なしゃべりかたをする人ばかりではありませんし、女性アイドルだからかわいい系の声を使うとも限りませんので、自分が思い浮かべられる人にイメージを変えてやってみてください。

このトレーニングの目的は、「声色を変えてみる」ことそれ自体です。多くの人は自分の地声で話しているもので、「意識的に声を作る」ということをほとんどやったことがありません。ですからそれをやってみるわけです。

プレゼンテーションの途中で聞き手の集中力が落ちかけた時に、ちょっと違う声色を使うとそこでハッと注意を向けてくれるものですが、そんな小技を使うためには違う声の出し方を練習しておく必要があります。もちろん、コミカル系やぼそぼそ系、かわいい系を使う機会は実際にはほとんどないと思いますので、必要ないと思ったら飛ばしてもかまいません。いずれにしても、どの声色も直接それを身につけて使うことに意味があるのではなく、「声の変え方のカンを身につけるための練習材料」です。誰かに聞かせるものではないので、他人に聞こえない場所で、思い切ってやってみましょう。

このトレーニングも1日数分を1～2週間続ければ十分です。

他人のトークを真似してみる

「声色を変えてみる」のはほんの1～2秒の発声でも練習できますが、実際のプレゼンテーションはたいてい数分以上かかるものです。その一連の流れの感覚をつかむためには、丸ごと真似してみるのが効果的です。通販番組はTVでいくらでも見られますし、“ライトニングトーク”や“よいプレゼンテーション見本”といったキーワードで検索するとYouTubeなどでお手本動画を探すこともできます。

実は通販番組というのはプレゼンテーションの非常によい練習材料になるので、適当な番組を録画してそっくりそのまま真似してみましょう。ただし、どうしても通販番組は明るく元気にニコヤカに振る舞う系の演出が多く、深刻な問題について解決策を冷静に検討するといった目的のプレゼンテーションをする参考にはなりません。そんな限界はありますが、基本的には通販番組は「強弱の付け方」「間の取り方」といったデリバリーの基本テクニックを学ぶためのよいお手本です。

大きな声を出す

プレゼンテーションをする際、大きな声で話すとそれだけで「自信がありそう」「頼りがいがありそう」に聞こえるため、声量は意外と重要です。しかし、ここで必要な「大声」は運動部のかけ声とは違います。ですがIT技術者というのは普段は数人相手のミーティングでしゃべるだけ、職場によってはミーティングさえチャットベースだったりするので、大きな声を出すのに慣れていない人が多いようです。

そこで、声を出す練習をするために、私の場合はプレゼンテーション用のスライドを作りながらそれを大声で読み上げる、という方法を採りました。プレゼンテーションの場面をイメージして、スライドに載せないディテールや「つなぎ」の情報も含めたトークを大声で話しながらスライドを作るわけです。これをすると、実際に現場に出てはじめてわかるような、話が上手くつながらない場所も事前に発見できるので、一石二鳥です。

しかし残念ながら、大勢の人と一緒に仕事をする一般的なオフィスでは難しいので、その場合は会議室にこもってやるとよいでしょう。

なお、「大声を出す」といっても、のどの負担にならない声であることが大事です。ハミング・トレーニングや声色トレーニングで「声の出し方を変える感覚」はつかめているはずなので、のどに負担をかけずに大きな声が出せるポジションを探してください。1時間同じペースでしゃべり続けられるぐらいの負担感で大声を出せることが理想です。

また、大声といっても「叫び声」ではなく、「落ち着いた大声」を目指してください。運動部の大声はたいてい叫び声なので、部活ではいくら大声を出せても、それはビジネスの場でそのまま使える声ではありません。

低いトーンでゆっくりしゃべり始める

個人的な経験ですが、2003年に私があるイベントで100人ほどの前で話をした時のことです。講演の依頼を受けたのも、100人もの大人数の前で90分もしゃべるのも生まれてはじめてで、非常に緊張していました。

その結果、いざしゃべり始めてみたものの、用意していった原稿を見返す余裕もなく、いったい次に何をしゃべればいいのか言葉が出てこなくなりました。「まずい、どうしよう！？」と思ったその瞬間、ふと気が付いて「低いトーンでゆっくりしゃべる」ようにしたところ、急に気持ちが落ち着き、あとは上手く進められるようになったことがあります。

思い返すと、その時の私は非常に「高いトーンで、早口で」しゃべり始めていました。「高いトーン＆早口」を意識的に使うのはかまわないのですが、無意識にそうなってしまうのはよくありません。よけいに緊張が高まり、ミスが増え、それがまた焦りを産むという悪循環を起こします。

そのためにも、しゃべり始める時は意識的に「低いトーンでゆっくり」始めるようにしてください。低くゆっくり始めたものを途中でギアチェンジするのは楽ですが、その逆は難しいようです。

時にはささやき声も使ってみよう

大きな声を出せるようになったら、次はここぞというタイミングで使う「ささやき声」が効果的になります。例えばこんな風に使います。

（前略……ここまで、大きくハッキリした声で話し続けている）
さて、ここまで聞くとおそらく皆様は「A」のことが気になっていますよね？
実は、Aの答えは　……（ここまで、大きな声）
○○なんですよ　……（一転して、ささやくような声）
もう一度いいますね。実は○○なんです。　……（再び大きな声）

人間は、意識を向けていないことは耳に聞こえていても頭には入りません。どんなに大きくハッキリ話をしても、その瞬間別なことに気を取られている人の意識には届かないのです。

そこで、声のギャップを作ります。大声→ささやき　というギャップがあることで、その瞬間ほとんどの人が「あれ？　何？」と注意を向けてくれます。それを待ち構えて、声を戻してハッキリ聞こえるように明快に同じことを繰り返すわけです。その際、「あ、繰り返したんだな」とわかるように「つなぎの言葉」を入れておくのもポイントです。

上の例だと「もう一度いいますね」がそのつなぎ言葉で、これがあることによって、ささやき部分が聞こえなかったとしても、それをいい直してくれたから大丈夫だ、と聞き手は安心することができます。

これは非常に単純な割に効果的なテクニックなのですが、声のトーンチェンジというのはやはり事前に練習しておかないとなかなか使えません。練習しておきましょう。

滑舌をよくする練習法

しゃべり慣れていないと例えば「答え」というところを「こ、こたえ」や「こてぇ、じゃなくて、答え」のように噛んでしまいがちです。

これを防ぐために役に立つのが滑舌練習です。例えば演劇部員が下記のようなフレーズを大きな声でしゃべる練習をしているのを聞いたことはありませんか？

1. あえいうえおあお　かけきくけこかこ
2. あめんぼあかいなあいうえお
3. 柿の木　栗の木　カ キ ク ケ コ
4. お綾や母親に　おあやまりなさい
5. 東京特許許可局の局員

これらはいずれも滑舌練習に使われる代表的なもので、それぞれネットで検索してみるとすぐにその他の練習フレーズも見つかります。これらのフレーズを何度も繰り返すのが役者やアナウンサーといった「声のプロ」の定番練習ですので、自分でも試してみて、発声しにくいものは何度もやり直してみてください。

ただ、何度も書きますが、われわれはIT技術者であって「声のプロ」を目指しているわけではありません。声のプロであれば「噛まない」ことは重要ですが、IT技術者のプレゼンテーションの場でなら、噛んでしまったとしてもそれはゆっくりいい直せばよいだけです。ボイストレーニング全般についていえることですが、最低限のポイントだけ押さえておけば、あとはどれをどこまで追求するかは自分の好き好きでいいと思います。

COLUMN

接客コミュニケーションにも戦略的なデータ取りが重要

携帯電話ショップへの販売支援コンサルティングをされている滝沢和男さん（仮名）にお話を伺いました。

■ ■ ■

――販売の仕事はヒアリングとプレゼンテーションの合わせ技ですが、お客さまには携帯に詳しい人もまったく知らない人もいて、相手の知識レベルに大きな差がありますよね。そんな中で効率よく商品の説明をし、理解を得て契約を取るために何か工夫されていることはありますか？

滝沢：お客さまの知識レベルは、会話の中でちょっとしたヒントから当たりを付けます。ヒントというのは受け答えもそうですし、服装、持ち物、表情などの場合もありますね。例えば契約プランを決めてもらうために通信量の話をする時に、中には「ギガバイト」という用語が通じない方も多いです。そこで、通じにくい用語を使う時はお客さまの反応を見て、ああ通じてないなと思ったら別な言い方を考えます。

――「ギガ」を別な言い方に？

滝沢：目的は「ギガ」を理解してもらうことではなく、その方に合った契約プランを見つけ出すことですよね。それには「ギガ」が通じなくても通信量を推定できれば十分です。通信量はどんなアプリをどれだけ使うかでだいたい決まりますし、特に影響が大きいのが動画を見るかどうかです。そこで、「携帯で動画を見るかどうか、見るとして1日に何分ぐらいか」といった質問をして、その人の使い方を探れば答えを出せます。

――なるほど、目的から必要な情報を逆算するわけですね。

滝沢：ただ、こんなコミュニケーションをするには、戦略的にデータを取って応用していく必要があるんですよ。例えば通信量にしても、どんな動画をどれぐらい見ていればどのぐらいの通信量になる、という相場は知っておかなければいけません。契約を取るには相手の性格に合った勧め方をする必要があるので、いろいろな手がかりからお客さまのライフスタイルやその時の気分を推測します。それは、「こんなサインがあったらこういう意味」という判断の積み重ねなので、いつも注意深くお客さまを見て、仮説を立てて結果を検証する繰り返しですね。

――どんなものが「サイン」になるのでしょうか？

滝沢：あらゆるものがサインになりますけど、例えば車で来店された場合、外車の方は大胆なモデルに興味を示す率が高く価格訴求は効かない、プリウスに乗るのは真面目な方が多い、ファミリーカーの家族連れは家族一括での合計金額を気にすることが多いとか。車の止め方が荒っぽい時は、急いでいたりクレームだったり体調が悪いという場合があります。ですので、店内に入られる前から観察しています。

――いやあ、とても面白いです。そうした工夫は誰もがするものなのでしょうか？

滝沢：いえ、決して多くはないですね。新人の販売員を見ていると、入社後1年ぐらいまで通り一遍のマニュアル的なやり方をして、売れずにそのまま諦める子も多いです。何割かは、お客さまの都合におかまいなく「皆こうしてますよ」とかいって強引に売るようになります。当然ですけどそのどちらもよい結果は産みませんが、放っておいたらそのままです。

何も教わらずに自力でそんな工夫ができる人はほとんどいないので、そこをなんとかするのが私の役割ですね。ですので、成績が伸び悩んでいる携帯ショップの現場に入って、その店特有の客層に合わせた接客パターンを作り、スタッフに教えて実際にやらせて結果を出していく、そんな仕事をしています。

4.3 ジェスチャー

慣れない役割に大汗をかきつつも、赤城さんの厳しくも優しい目の前で翌日に控えた勉強会のリハーサルをしている伊吹君。

「……これについて気を付けておくべきポイントが3つあります」

と、そこに赤城さんの声が飛びました。

「よし、そこだ！　ジェスチャーを使おう！　ポイント3つだから3本指を出す！」

「えっと、こう……ですか？」

いわれるままに「3つ」を示すジェスチャーを作ってみた伊吹君に、赤城さんがたたみかけます。

「そのままじっと3秒キープする！」

「よし、じゃあその3本指をキープしたままぐるっと横に振ってみよう！」

赤城さんがいうには、こんなちょっとしたテクニックで、プレゼンテーションはずいぶんよく見えるのだそうです。

ジェスチャーは説明をよりわかりやすくする

日本人はジェスチャーをあまり使いませんが、これも要するに普段やっていないからできないだけです。ジェスチャーを効果的に使うとプレゼンテーションもインストラクションも非常にわかりやすくなるので、練習しておきましょう。

ジェスチャーの原則「3秒キープ」

ジェスチャーを使うに当たって何よりも覚えておいてほしい原則が、「3秒キープ」です。

例えば「ポイントは3つあります」という話をする時によく「指を3本立てる」といったジェスチャーを使いますが、こういう単純なものも含めて、「何かジェスチャーをしたなら、3秒間その姿勢を保つ」ことを心がけます。ストップウオッチで3秒を計る必要はありませんが、そのぐらいの意識で動作を止めてください。

プレゼンテーションに慣れていないと、こんなジェスチャーをせっかく出しても1秒も止めずに下ろしてしまうことがよくあります。動きが速いと、

- ちょこまかとして落ち着きがないように見えやすい
- 動作が中途半端になりがち
- たまたまその瞬間、よそ見をしていた人は気が付いてくれない

という問題が起きるので、「1つのポーズを3秒キープ」するぐらいの意識でいてほしいのです。

とはいえこれも「いうのは簡単でも実践は意外に難しい」もので、練習しておかないとなかなかできません。人前でしゃべる時はどうしても緊張するので、時間の経過が速く感じます。「3秒キープというのはこのぐらい止めておくんだな」という感覚をつかめるように事前に練習しておきましょう。

動きのあるジェスチャーはどうする?

「3秒キープ」を原則と考えるにしても、「止め」が効くジェスチャーならそれでよいですが、**図4.1**のように動きのあるものはどうすべきでしょうか。これは手を上から下に下ろすことで「コストダウン」という変化を印象付けるジェスチャーですが、動かす途中で3秒止めておくわけには行き

ません。

こういう場合は、動かす前後の「スタート」「ゴール」のそれぞれで1秒以上止めることと、動き（モーション）をゆっくりするようにします。

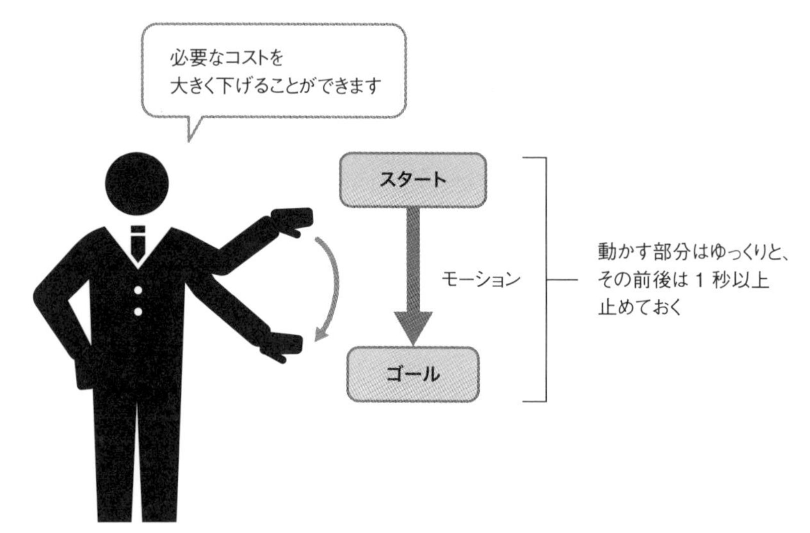

図4.1：「動き」をゆっくり、前後に「止め」を作る

練習は一度に1点にテーマを絞って行うこと

図4.1の「コストダウン」ジェスチャーは、私が開催したあるプレゼンテーション練習会の参加者Aさんが使ったものでした。しかし実際にはその時のAさんの動きは非常に速く、スタートからゴールまで1秒もかけていませんでした。

私を含む他の聴衆から見ると明らかに速すぎたので、「もっとゆっくり、今の3倍の時間かけて！」と何度も指摘するのですが、3回ぐらいやり直してもAさんの動きはほとんど変わりませんでした。

「ゆっくりやる」というだけの単純な動作なのになかなかできない、こんなケースは実際のところ、しばしばあります。筋力のように物理的なところの問題でないなら、その原因は「意識の分散」にあることが多いので、練習は一度に1点にテーマを絞って行うようにしてください。

Aさんの場合、「必要なコストを大きく下げることができます」というトークに合わせてジェスチャーを付けようとして、トークとジェスチャーの両方に意識が分散していたらしく、いったんトークを忘れて「イチ・ニ・サン」という数字を読み上げてタイミングを取りながらジェスチャーだけを練習するようにしてもらったところ、できるようになりました。

ジェスチャーというのはひとつひとつは非常に単純なものですし、簡単そうに見えるのですが、実際には意外に難しいことがAさんの例でもわかります。ですので、練習は「一度に1点にテーマを絞って」やってみてください。

写真（静止画）を撮ってみるのは意外に効果的

ジェスチャーの感覚をつかむうえで意外に効果的なのが、「他人のプレゼンテーションの静止画写真を撮ってみる」という方法です。動画ではなく静止画で撮るのがポイントです。

静止画写真を撮るためには「シャッターチャンス」を狙わなければならないのですが、そのためには「ジェスチャーをしているところ」が一番、絵になります。ところが、プレゼンテーションの下手な人はだいたいジェスチャーで「3秒キープ」をしてくれないので、なかなかよい写真が撮れません。「今だ！」と思った瞬間にシャッターを押すとすでに次のポーズに移っているので、中途半端な写真になってしまうことが多いのです。

上手な人と下手な人の両方を撮り比べると、その違いが非常によくわかり、自分がプレゼンテーションをする時には気を付けよう、という意識を持てますので、仲間内でプレゼンテーションの練習をするような時には試してみてください。

ナンバリング・ジェスチャーは基本中の基本

プレゼンテーションというのはたいてい何かの主張をして理由を説明するもので、そのために「ポイントは3つあります」のように数えて示すのが普通です。そのため、「数を示す」ナンバリング・ジェスチャーは基本中の基本と思ってください。こうした単純なジェスチャーでも、練習しておかないとできません。

肘を伸ばすこと

3秒キープと同時に気を付けたいのが、「肘を伸ばすこと」です。ナンバリング・ジェスチャーの練習をする時、肘を伸ばして出すようにします。そうすると自然に肩から上に手が上がるようになり、堂々として自信たっぷりに見えます。

左右にゆっくり振るワイプ動作

これはナンバリング・ジェスチャーを「3秒キープ」する時に使いやすい小技です。

1. 「理由は3つあります」といいながら、会場の右端に向けてナンバリング・ジェスチャーを出す
2. その手をそのままゆっくり水平に左に振っていき
3. 会場の左端に向いたら「3つです」と繰り返す

左右を入れ替えて逆順にしてもかまいません。これをやると会場全体に気を配っている印象を与えられます。

プロジェクターの幕やホワイトボードの横に立って、内容を確認しながらしゃべっているとどうしても身体が幕のほうに向きやすく、反対側の人へのアイコンタクトがおろそかになりがちです。そこでこの動作を入れると、ほどよく全体に目を向けることができるのでおすすめです。

ボリューム（数字）を示す表現

「新方式の導入により、50%の高速化に成功しました」といった数字を語る場面もテクノロジーやビジネスのプレゼンテーションではよくあります。

ホワイトボードやプロジェクターが使える時はグラフを描くこともできますが、それがない場合のためにジェスチャーで数字を示す方法もあらかじめ練習しておきましょう。

なお、「利用者は年平均20%ずつ増加し、現在は20万人に達しています」のような数字をジェスチャーで示す場合、普通の感覚で折れ線グラフを示すと聴衆側からは左右が逆に見えるので、左右逆の鏡像ジェスチャーをするように注意してください。

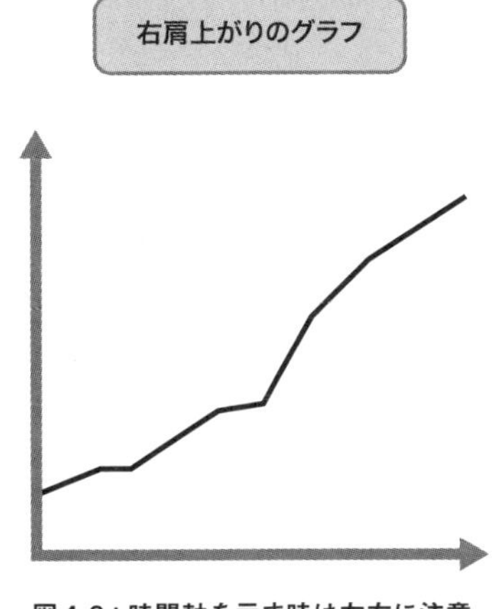

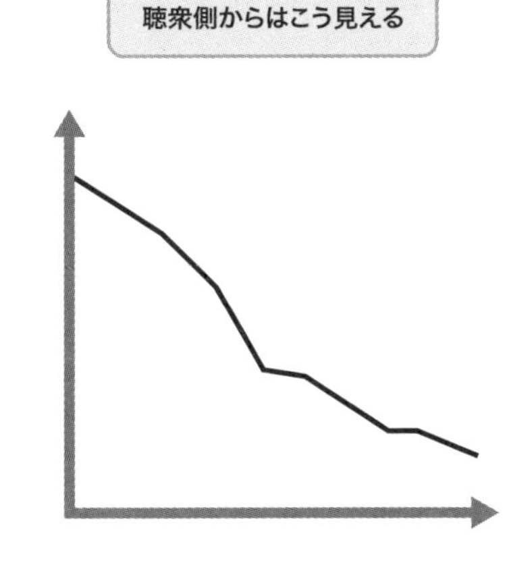

図4.2：時間軸を示す時は左右に注意

立ち位置で時間軸を示す

過去・現在・未来についての話をする時によく使うのが、「立ち位置で時間軸を示す」という方法です。時間軸は左から右に向かって進むように引くのが普通ですので、過去・現在・未来と順に聴衆から見て右側に少しずつ移動しながら話をするわけです。

過去にこのような問題が起きました／経験がありました。
そこで現在このような取り組みをしています。
目指しているのは、○○という目標です。

といった形で、過去・現在・未来を一連の流れで話す場合に便利です。

図4.3ではホワイトボードに「卵→ヒヨコ→成鳥」という流れを示してありますが、それがなく、口頭だけで話をする場合でも、立ち位置を変えながら話を進める方がわかりやすいので、過去・現在・未来パターンで話をする時は試してみてください。

図4.3：立ち位置で時間軸を示す

「すごいプレゼンテーション」を目指すのはやめよう

以前勤めていた会社に、非常にプレゼンテーションの上手い社員A氏がいました。私も当初は彼がスマートに説明し、何を質問されても即座に自信たっぷりな答えを返すのを感心して見ていました。しかしだんだんと気が付きました。そのスマートなしゃべりには中身が何もないことに。

それから数年後のある時、今度は口下手なエンジニアB氏のプレゼンテーションを聞く機会がありました。スマートとはお世辞にもいえない朴訥なしゃべりかたで、質問すると少し考えてから返事をし、しかも自信たっぷりに断定するようなことはほとんどせず、慎重に意見を語るタイプでした。

どちらがテクニックとして上手なプレゼンテーションだったか、といえばそれは圧倒的にA氏です。おそらくスピーチコンテストをやればA氏が圧勝するのは間違いありません。しかし、システム開発・運用を委託する相手を探す時に、どちらがより信頼が置けそうか、と考えると答えは逆転します。A氏の流ちょうなトークとB氏の朴訥なトークを比べてみると、A氏は「口が上手すぎて、何かだまされているのではないかという警戒感」を引き起こすのに、B氏は「この人はうそをつかないだろう、そして着実に仕事をしてくれるだろう」という印象を与えるのだから不思議なものです。

しゃべりの上手さがマイナスに働くこともある

プレゼンテーションというのは「しゃべりの上手さをアピールする場」ではなく、話すことで何らかの目的を達成するための機会です。そして場合によっては「しゃべりの上手さがマイナスに働く場面もある」ことは知っておいてください。

"その道で深い知見を持つ人物たちが、自身の主張を雄弁に語るスーパープレゼンテーション＝「TED」。情報として有益なのはもちろん、ユーモアとウィットに富んだプレゼンは刺激的で面白いので、世界中にファンがいる。私も好きだ。しかし、堂々と歩き回って主張する「形」だけを普通の会社員が真似ても意味がない。内容が伴ってこそ、参加者の心をつかむプレゼンが成立するのである。部下のTED風プレゼンを見たまともな上司は思うはずだ。

「見ばえより、まず中身をきちんと詰めろよ」"

（出典：社内でスーパープレゼンテーションは必要か？感化された"TEDかぶれ病"につける薬｜組織の病気～成長を止める真犯人～　秋山進｜ダイヤモンド・オンライン
http://diamond.jp/articles/-/62598）

1
2
3
4
5

この例は、各界の優れたプレゼンテーションを集めたサイトとして有名な「TED」に倣ったようなプレゼンテーションが悪い印象を与えてしまうケースを紹介した記事です。TEDのような、「特定のテーマについて、権威ある先人に学びに来た聴衆」を相手に話をする場合はTEDスタイルの「テクニックを駆使したプレゼンテーション」が有効なのですが、社内会議や顧客向けの提案でそれをやっても逆効果になる場合があります。

「TED的な」プレゼンテーションテクニック

ちなみに、TED的プレゼンテーションの「テクニック」を学ぶならぜひ次の動画は見ておいてください。

ウィル・スティーヴン「頭良さそうにTED風プレゼンをする方法」

（出典：YouTube https://www.youtube.com/watch?v=ToJD5r2Smwl）

これはまったく何の意味もない話を、プレゼンテーションのテクニックだけを駆使していかにもすごいことを語っているかのように見せかけるという企画です。「優れたプレゼンテーションのテクニックが満載」という意味で非常に勉強になりますし、「まったく何の意味もない話でもプレゼンテーションが上手ければおそらく信じてしまう人はいるだろう」という恐怖をも感じさせる動画です。といってもその本質はコメディーです。プレゼンテーションを勉強中の人が見ると全編抱腹絶倒大爆笑の連続なこと間違いないので、ぜひご覧ください。そして、このウィル・スティーヴンのトークを真似してみてください。

1日10分ずつ1週間真似してみると、それだけであなたのデリバリーのテクニックはかなり上達しているはずです。

4.4 インタラクション

いよいよ勉強会本番になって伊吹君はリハーサル時に赤城さんに教えてもらったテクニックの1つを使ってみることにしました。

「……と、ざっと初期設定の手順は以上ですが、ここまでのところで何か気になることはありませんか？」

と、参加者に質問をうながしたうえで、1秒、2秒、3秒、4秒……じっと待ちます。その間に全員にアイコンタクトするように左右を見渡していくと、1人何か聞きたそうな様子の人がいることに気が付きました。

「何かありますか？」

「あ、はい、STEP 3.のところですけど……」

狙い通り、質問を引き出すことができました。「待つ」というそれだけの動作にもテクニックがあるのです。

インタラクション＝対話

インタラクションというのは「対話」です。プレゼンテーションというと自分がしゃべることに必死になってしまい、上手く「対話」ができない方がよくいます。質疑応答は「対話」の場面としても最もイメージしやすいものですが、日本人は質問をなかなかしない傾向があり、質問を引き出すための工夫を考えておくことが求められます。

また、質疑応答だけでなく、一方的にしゃべっているようでも実は「対話」を成り立たせるような話の組み立てをすることが可能なので、そのための基本的な手法を知っておきましょう。

なぜ対話が必要なのか？

何らかの提案のためにプレゼンテーションをする場面を考えます。提案のためということは、単に上手く話せただけでは成功とはいえません。相手がその提案を認めて、具体的な行動を取った場合にはじめて成功といえます。

では、人はどんな時に他人からの「提案」に乗るのでしょうか？　例えば新技術の使用を社内向けに提案する場面を考えてみましょう。

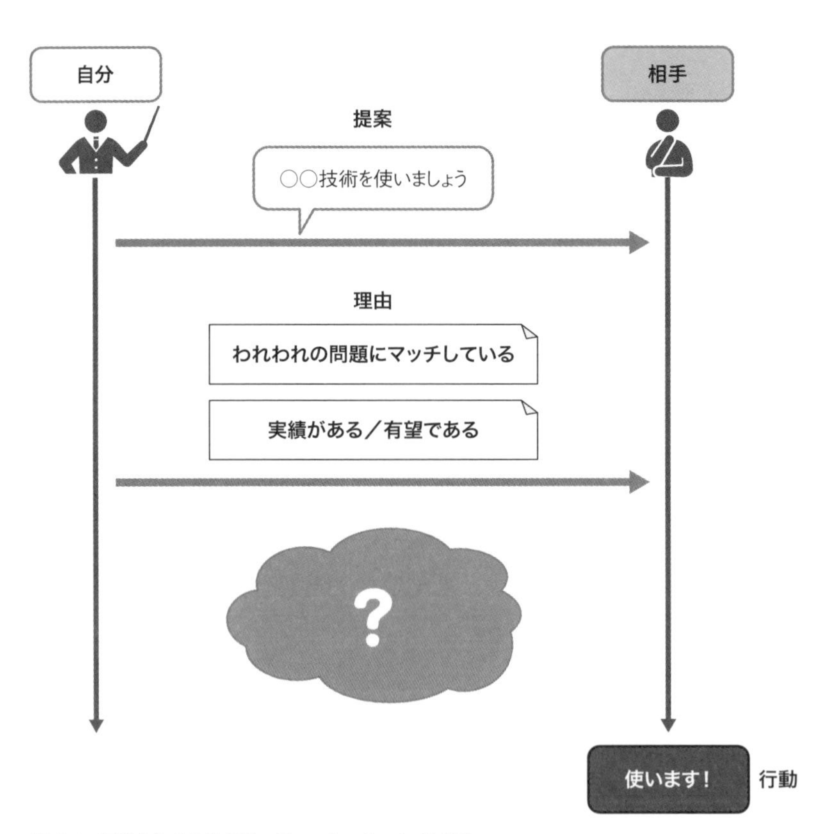

図4.4：行動を生むためにはコミュニケーションが必要

提案をする以上、提案の趣旨「○○技術を使いましょう」に加えて、理由を説明するはずです。しかし理由が理路整然としていて合理的なだけでは、たいていの提案は受け入れられません。人が他人の提案を受けて行動を起こすためには、**図4.4**の「？」という部分に何かが必要です。

> では、何が必要なのでしょうか？　少し考えてみてください。

こんな風に「考えてみてください」といわれて実際に考えたとすると、あなたの脳内にはある仮説が生まれ、そして少し不安な心理状態になっているはずです。

不安を持つと、人はそれを解消するために例えば「質問」をします。思い浮かんだ仮説を「○○ですか？」と尋ねてみるわけです。それに対して仮に「その通りです」という回答があれば、「あ、やっぱり○○なんですね」という確信が得られ、そして安心するでしょう。

大事なのはこの「安心」です。そして安心を得る（＝不安を解消する）ために必要なのが、「不安を人にぶつけて（質問して）答えを得ること」つまり「対話（コミュニケーション）」なのです。

ここで誤解しやすい大事なポイントが2つあります。

第1のポイントは、「それは違います」という回答をしてもかまわない、ということです。否定的な回答をすることを異様に嫌う人がたまにいますが、「○○ですか？」という質問が間違いであれば、言い方は工夫するにしても「間違いです」という以外の答えはありえません。例えば「太陽は西から登りますか？」という質問に対しては、どんなに屁理屈を付けてみたところで「いいえ」以外の答えはありえないわけです。

そもそも、「仮説」に不安を感じるというのは「それが正しいかどうかわからない、どっちつかず」の状態だから不安になる、という面があります。確たる答えが得られれば、それがYESだろうとNOだろうとそれに応じて方針を決められます。YES／NOがハッキリ決着する質問についてはハッキリ答えましょう。それが誠意というものです。

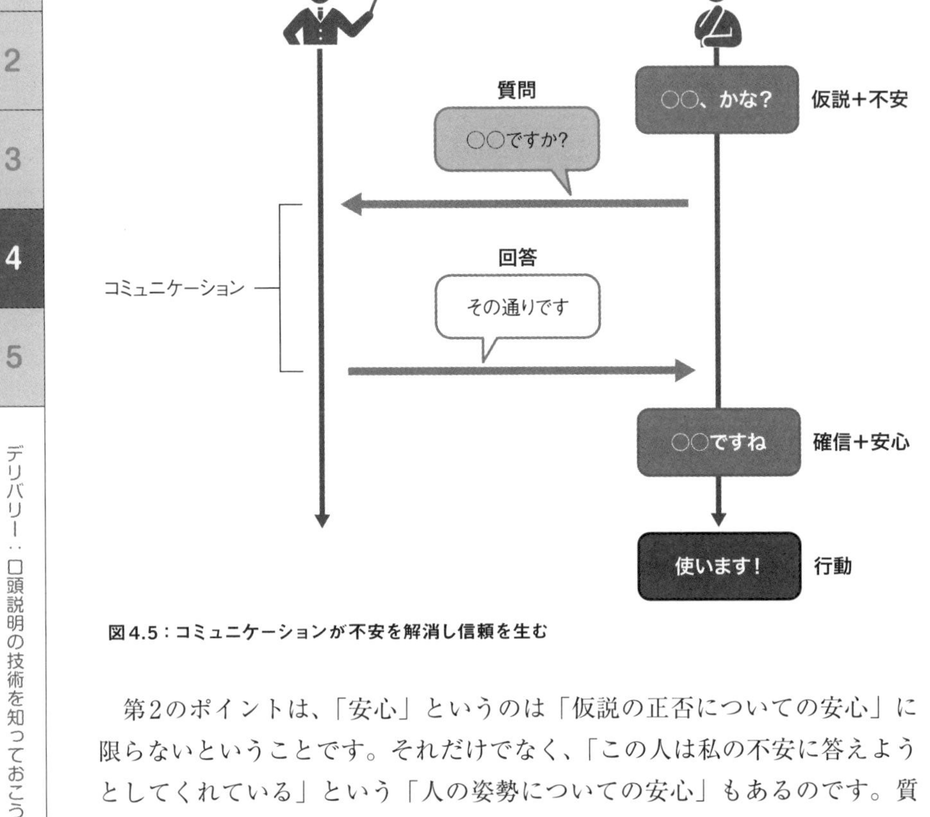

図4.5：コミュニケーションが不安を解消し信頼を生む

第2のポイントは、「安心」というのは「仮説の正否についての安心」に限らないということです。それだけでなく、「この人は私の不安に答えようとしてくれている」という「人の姿勢についての安心」もあるのです。質問に対してすべて答えてくれたとしても、面倒くさそうな返事だったり、こんなこともわからないのかとばかにしたような返事だったりした時はその安心は得られません。

そしてこの側面、「人の姿勢についての安心」は「相手の側から質問が来てはじめて成り立つもの」だということに注意してください。したがって、信頼を得るためには「相手からの質問を引き出す」必要があります。

「相手にしゃべらせる」ことは
トップ営業マンに共通する特徴

突然ですが、「営業」という職種にはどんな性格の人が向いていると思いますか？

特に社会人経験が少ない学生にこれを聞くと「人と話すのが好きで、明るくて社交的で、人見知りせず誰とでも仲良くなれる人」といった答えが返ってくることが多いでしょう。ところが実は私が知る営業の達人にはそういうタイプは少なく、逆に「人見知りで、初対面の人とはちょっとした雑談をするのにも苦労する」というタイプが多いのです。

そのうちの1人の著書の一部を紹介しましょう。

売れない営業だった私が、営業所でナンバーワンの売上を誇るH先輩に同行したときのことです。営業所にいるときは常に大きな声で明るく振る舞っているH先輩ですから、さぞかし客先でもお客様を笑わせ、場を盛り上げながら商談をしていることでしょう。自分にとてもそんなことができるわけがない、同行してもムダだろう、と思いつつ行ってこの目で見たH先輩の営業スタイルは衝撃的なものでした。

小さな声でポツリポツリと話すだけの「無口」な姿。喋っているのはほとんどお客様で、H先輩は黙ってうなずいているだけ。でも、笑わせているわけでもないのにお客様はとても楽しそうです。そんな無口なスタイルで、H先輩はあっさり求人広告を受注してしまいました。

帰りの車の中で私は先輩に聞きました。

「ふだんと全然違って無口なのでビックリしました。あれでも売れるんですね？」

「そうなんだよ。客先でバカ話して笑わせたってしょうがないよ。よけいなことは言わないで、相手に喋らせる方が結果として売れるんだよ。だから本当は渡瀬みたいなタイプのほうが売れるはずなんだよな」

私のような無口な人間のほうが売れるはず？　……それは「営業マンは明るく外交的でなければ売れない」と思い込んでいた私にとってものすごい衝撃でした。

(出典：「内向型営業マンの売り方にはコツがある」渡瀬謙 著 大和出版)　※開米による要約

営業というのは「売る」仕事です。「売る」というのは相手に行動を起こさせることであり、それも「お金を出させる」わけですから「信頼」を得てはじめて成り立ちます。では信頼を得るためにはどうしたらよいのかと考えると、そのために重要なのは「流ちょうに説明すること」ではなく、「相手の話を聞く」ことだったというわけです。

相手の話を聞く、その内容は質問のこともあれば要望のこともあるでしょう。技術解説系のプレゼンテーションならば質問が多いでしょうし、システム提案系の説明をする時は要望の割合が増えるはずです。いずれにしても、信頼を得るためには「いかに相手にしゃべらせるか」が勝負です。

とはいえ、それは簡単なことではありません。

プレゼンテーションの場で「質問を引き出す」ことは難しい

ところで、「日本人は質問をしない」といわれているのを聞いたことはありませんか？

日本では、大学の大人数講義で「質問はありますか？」と聞いて手をあげる学生はほとんどいません。たまに手をあげる学生がいると、好奇の目で見られます。
これは世界共通の現象ではなく、欧米では多くの学生が積極的に質問するのが普通です。
不思議なことに日本の小学校の授業では活発な質疑応答があり、グループ学習でも議論がもりあがりますが、中学校に入ると、ぴたっと誰も質問をしなくなります。

（出典：東京大学大学院 情報学環 学際情報学府 山内祐平教授のブログ
【エッセイ】どうして日本人は質問しなくなるのか - Ylab 東京大学 山内研究室
http://blog.iii.u-tokyo.ac.jp/ylab/2010/02/post_213.html）

実際私も企業研修などをすると、日本人が受講者の時はほとんど質問が出ないのに、外国人からはぽんぽん出てくるのをよく経験しています。「何か質問はありませんか？」と聞くだけでは日本人はなかなか声を上げてくれません。

もっとも、1社の見込み客に対してシステム提案をするような場面ですと、聞くほうも「今、お金を出すかどうか」の判断を迫られているという真剣さがあるため、質問が出てくることが多いです（逆に、提案のプレゼンテーションをして「シーン」としていたらそれは失敗ということです）。

質問を待つ代わりに使えるテクニック

しかし、「いずれ何かの役に立つことがないともいえないからちょっと話を聞いておこうか」という程度の意識の人はなかなか質問をしてくれません。そんな時に、質問を待つ代わりに使える、ある手があります。

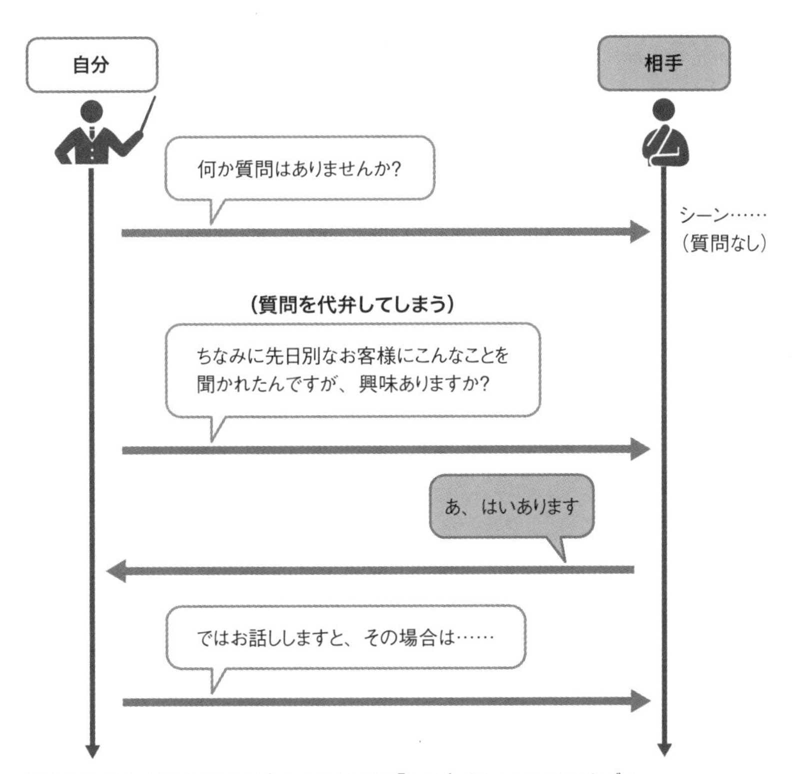

図4.6：「別な人から聞かれた」という演出で「質問」を代わりにしてあげる

単に「それでは次に○○の項目についてですが……」と説明するのではなく、**図4.6**のように「別な人から○○について聞かれたのですが」というエピソードを付けて「興味はありますか？」と問いかけてから話をする方法です。

これは、単に説明するのに比べて、こんな違いが出ます。

- 「他の人も○○が気になるんだ」ということがわかり、答えも得られて安心できる
- 「そういうことを聞いても恥ずかしくないんだ」という安心が得られる
- 「この件に私が興味あるかどうかを気にかけてくれている、私のことを尊重してくれている」という好感が得られる

こんな風に、「相手が気にしそうな質問を代わりにいってあげる」というのも腕利きの営業マンのテクニックの1つです。何度かそれをすると気持ちがほぐれてきて、だんだん相手側からの質問も出てくることがあるので、反応が薄い場合は試してみてください。

簡単な問いかけをすると話を進めやすい

あるいは、YES／NOで答えられるような簡単な質問をいくつかこちらのほうから投げかけてその返答を待つという方法でも、質問することへの心理的ハードルを下げることができます。

システム開発者や運用者の勉強会での事例発表の場面を例に取りましょう。

> **発表者：**アプリケーションにログを書き出すコードを入れたことはありますか？ **［質問1］**
>
> **聴衆：**（半分ぐらいの人がうなずく感じのリアクション）
>
> **発表者：**あ、半分ぐらいはありそうですね。それでは、システム障害が起きて原因究明をしなければならなくなったことはありますか？ **［質問2］**

聴衆： （やはり半分ぐらいの人がうなずく感じのリアクション）

発表者： これも半分ぐらいの方はありそうですね。それでは、障害の原因究明のためにログを読むことも多いと思いますが、なかなかたいへんな作業ですよね。そこでログ解析を楽にしてくれるツールがあるといいなあ、と私は思いました。皆さんだったら、ログ解析ツールにはどんな機能が欲しいですか？ **[質問3]**

ここで発表者は3つの質問をしています。質問1と質問2はおそらくほとんどの人が悩まず答えられることでしょう。このような「簡単な問いかけ」を何度か繰り返してリアクションをもらうようにすると、聴衆から発表者の質問をすることへの心理的ハードルが下がります。

たとえ軽くうなずく程度のリアクションであっても、「発表者の呼びかけに答えた」ということが準備運動的な役割を果たします。なので、「質問はありませんか？」と呼びかけるまでの間に、簡単な問いかけを何度もしてみてください。

なお、その場合に使う「簡単な問いかけ」は質問1、2のようにYES／NOで答えられるものがベストです。質問3のように自由な回答が可能なタイプですとリアクションが詰まりやすく、その分、心理ハードルを下げる効果が出にくいためです。

「間（ま）を取る」ことは非常に大事

「間（ま）を取る」というのは、要するに「黙る」、つまり沈黙の時間を入れるということです。

私もそうなのですが、口下手という自覚がある人は、上手く言葉が出てこなくて焦ってしまうことがあるため「黙る」ことに恐怖を覚えがちで、間を取るのが苦手です。一方、次から次へとしゃべれてしまうために間を取るのが苦手な人もいますが、どちらにしても「きちんと伝わるように説明する」という観点からはよくありません。

そこで、私がプレゼンテーションの指導をする場合、目的に応じて「1秒・3秒・10秒の沈黙」を使い分けられるようにすることを1つの目標にしています。それぞれどんな狙いなのでしょうか？

「1秒」の間（ま）

「1秒」というのはとても短い時間で、ちょっと息継ぎをしたように見えるぐらいの間にしかなりません。これを「文の切れ目を示すサイン」にします。

プレゼンテーションではありませんが、ちょっとした業務打ち合わせをしているトークを例として示します。

来年度の採用計画について検討したいことがあるのですが、今年の学生から一番多かった質問は教育体制についてなんですね、これについてどんなポイントを押さえて回答すべきかまた実際の教育体制そのものの改善などを考えたいわけです。

「ですが、」や「ですね、それで」で複数の文をつないで一気にしゃべってしまっています。こういう話し方をされると、聞くほうは話がどこまで続くのかがわからないため、苦痛に感じてしまいます。そこで例えばこんな風に改善します。

来年度の採用計画について検討したいことがあります。＜1秒沈黙＞というのも、今年の学生から……（以下略）

ポイントは3つあります。

1つ目は、「あります」のように文を短く完結させて語尾を強くいうこと。ここで語尾が消えないように注意してください。2つ目は、その後1秒沈黙を入れること。3つ目は、その直後を「というのも」のように、「前の内容を受けつつ新たな話題を始めることを示す接続詞」で始めることです。これらの工夫をすることで、口頭の説明は非常に聞き取りやすくなるのです。

非常に細かいところなので、このような改善はしゃべっているところを動画にとって見返してチェックしないとできません。動画で見返すことはジェスチャーの確認にも非常に効果的なので、ぜひやってみてください。

「3秒」の間

次に「3秒」の沈黙についてです。1秒はちょっとした息継ぎ程度ですが、3秒ともなるとハッキリ「意図して話を止めている」のがわかる時間になります。これを使うのは「盛り上げ」「焦らし」効果を狙う場合です。

例えばこんな時ですね。

> 今度のイベントではとっておきの目玉があるんですよ。何だと思いますか？
> ……＜３秒沈黙＞……
> 実は、サッカー日本代表のＡ選手が来るんです！！

こんな風にある程度大きなネタを振る時、記憶に残してほしい大事なキーワードを話す時には、3秒から5秒ぐらいは「もったいぶる」時間を取りましょう。要するに「大物の登場には予告が必要」なのです。ある程度長めに「もったいぶって」焦らしてください。

「10秒」の間

最後に「10秒」というのは「相手のリアクションを待つ時間」です。すでに書いたように、例えばセミナーのようなある程度の人数を集めた場では、

> 皆さん、何かご質問はございませんか？

と質問を求めても、なかなかすぐには手が挙がりません。本当は聞きたいことがあっても、日本人は質問することへの心理ハードルが高く、行動（質問）を起こす決断をすぐには下せないのです。

でも、ニコニコしながら10秒ぐらい待っていると、じゃあ聞いてみようか、と手を挙げる人が出てきます。そのためには3秒では少し短く、10秒ぐらい必要です。10秒というのは聴衆側だと大して長く感じませんが、発表者側では非常に長く感じるもので、ついつい短く切り上げたくなりますが、じっとこらえて待ちましょう。

こうした「間を取る」時間は、自分が発表者として話をしている時にはよくわからないので、必ず動画にとって見返し、十分な間を取れているか確認してください。

「こんにちは1.5往復」の法則

プレゼンテーションのように大勢の前で話を始める時のオープニングの手法の1つに「こんにちは1.5往復の法則」というものがあります。

要するに「あいさつをしたら、あいさつが返ってくるのを待ち、ありがとうございます、と受け取って話を始める」というものです。「こんにちは」が1往復したあと、「ありがとうございます」を追加するので「1.5往復の法則」というわけです。

これをすると最初から「対話」する空気を作れるので、ぜひやってみてください。その際、最初の「こんにちは」をいう時は頭を下げず、会釈する程度にとどめておきます。

ここで頭を下げてしまうと、頭のてっぺんに「こんにちは」と返すのも妙なものなので、「聴衆」側が返事をするタイミングが取れません。すると対話が成立せず、空気がほぐれないまま本題に入ることになってしまいます。

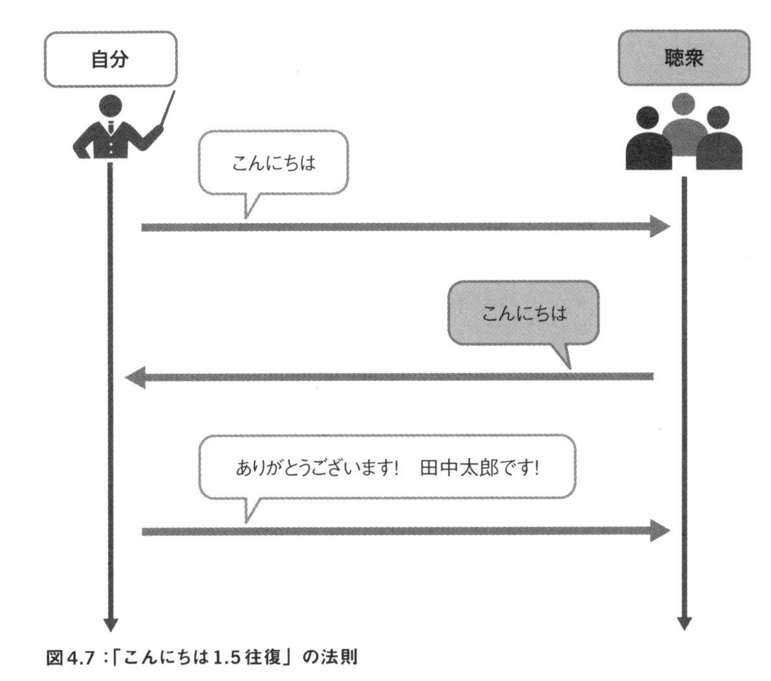

図4.7：「こんにちは1.5往復」の法則

COLUMN

台本通りにしゃべることが大事なのではない

「説明力」についての悩みや工夫を何人かのIT技術者の方に聞いて他のコラムで紹介していますが、複数の方から共通して出てきた言葉の1つに「台本通りにしゃべることが大事なわけではない」というものがあります。

> 【組み込み系技術者Yさん】始めてプレゼンテーションをする時は、準備をしてその通りにしゃべることで頭がいっぱいになった。実際本番を始めてみたら、もう必死で、ところどころで「次に何をしゃべるんだっけ？」と頭が真っ白になった。けれど、上手な人のプレゼンテーションを見ると必死どころかとても余裕があって楽しそうにやっている。言葉づかいも自分がやった時に比べてずっと日常会話的でやわらかいし、客と会話し、かけあいをして脱線するような場面も多い。それを見て、ああ、台本通りじゃなくてもいいんだ、普通にしゃべっていいんだな、と思った。

慣れないうちはどうしても「しゃべる」ほうに必死なのが普通で、聴衆の反応に応じてトークを組み替えたりする余裕はありません。しかも、プレゼンテーションの初心者はたいてい「情報を詰め込みすぎ」になり、そのため時間に追われて早口になりがちで、だからこそ余計に必死になり、アドリブで質問を受けたり解説を補ったりする対応もできなくなります。

この問題を解消するために一番効くのは、情報量を減らすこと。「情報量を減らせ」という話はプレゼンテーションの鉄則としてよくいわれることですが、実際役に立ちます。目安としては「一言、1分、半分」を指針に考えてみてください。

「一言」というのは、プレゼンテーションの全体で要するに何をいいたいのかを「一言」でいうとしたら何か？　です。一言なので、息継ぎせずに一呼吸で、数秒でいえる言葉でなければなりません。そんな一言を作れれば、プレゼンテーションの間何度も強調して印象づけられますし、最後にあらためてダメ押しのように語ればエンディングもまとめやすいです。

「1分」というのは、プレゼンテーションの全体を一言ではなく1分に縮めて語るバージョンを作っておきましょう、ということです。「一言」だと主張しかいえませんが、「1分」なら根拠・理由を付けることができます。1分バージョンを作っておいて最初に話すようにすると、聞く側もあらかじめ全体像を把握しやすくなるので「わかりやすい」という印象を与えられます。

「半分」というのは、プレゼンテーションの持ち時間が半分しかないと思ってコンテンツを作りましょう、ということです。10分のプレゼンテーションをするとしたら、「5分しかないとしたら何を残すか？」を考えて話のネタを取捨選択するわけです。そうして時間を空ければ、早口でしゃべる必要も無くなり、アドリブを入れる余地も出てきます。多少脱線しても大丈夫、という気持ちのゆとりができるので、ぜひ試してみてください。

ちなみに私ははじめて講演を依頼された時、45分の予定でしたが今から思えば普通にしゃべっても90分以上かかるようなコンテンツを作ってしまい、現場で切り詰めるのに苦労しました。その後もこの種の失敗を何度もしています。「情報量を減らす」というのは「いうのは簡単でも実際にやるのは難しい」ガイドラインなのでなかなか上手く行かないと思いますが、人は失敗した分だけ成功へ近づくもの。根気よくチャレンジしましょう。

4.5 プレゼンス

赤城さんにいわれた通り勉強会の様子を動画で撮っておいたので、終わってから見返してみました。

「うわっ……下手っ……ここもダメ、ここもダメ、できてない……」

想像以上のダメっぷりで見続けるのがつらくなるほどでしたが、そんな伊吹君を赤城さんは励まします。

「いやあ、大丈夫だよ。ちゃんと準備しただけあって、はじめてにしちゃよくできてるよ！　それに、ここを見てみな？」

「え、これが……？」

「ここ、『振り返りトーク』しているよね？　さっきは似た場面で、していなかったよね？　どっちが印象がいい？」

「そりゃあ、しているほうがいいです」

「ということに伊吹君は今気が付いた。自分でやってみて実感できたよね？　じゃあ、次からはやれるようになるだろう？」

「……そうですね」

確かにその通りで、別に理屈が難しい技術ではありません。意識するかしないかだけです。次からはできるだろう、そう思えました。

「つまりね、ああここはダメだ、と思えた分だけ、君は成長するんだよ」

説明に説得力を持たせる技術

デリバリーの技術に関する最後の要素は、「プレゼンス」です。

それは自分の存在自体が持つ説得力であり、本来的にはそれまで生きてきたことのすべての積み重ねで得られるもので、テクニックではありません。しかし「生きてきたことすべての積み重ね」がきちんと伝わるようにするためにはテクニックがあります。赤城さんがいっていた「振り返りトーク」というのもその1つ。

プレゼンスとは何で、それを演出するためにどんな技術があるのかを詳しく見てみましょう。

プレゼンスとは何か？

そわそわして落ち着きがなく目を合わせてこない人と、ゆったりかまえてにっこり笑顔を返してくれる人のどちらを信用する気になるでしょうか？　それは当然、後者のほうです。

しかしそれだけなら単なる外見、立ち居振る舞いの問題なので、役者の才能があればそんな演技をすることはできるでしょう。実際、人をだまして生きている人間、つまり詐欺師はたいてい後者のタイプのように自分を装っています。

しかし、通常は人の外見や立ち居振る舞いにはその人のそれまでの人生が凝縮するもので、人はそれらを手がかりにその人の信頼性を判断します。だからこそ気を使わなければなりません。それこそが「プレゼンス」です。

プレゼンスの本質的な意味は、それまでの人生の重みです。それがないのに外見をとりつくろってどうにかなるものではありません。しかし、それがあるならば、きちんと伝わるように工夫しましょう。

あいさつは前に出てすること

ある程度大きなセミナー会場やプレゼンテーションルームなどであれば、会場前方に大きなスクリーン、横のほうに講師机があるという構成をしている場合がよくあります。

こういう場合、オープニングのあいさつは講師机の後ろからではなく、前に出てきてしてください。そのほうが、発表者であるあなたの存在をお客様は強く記憶してくれます。

ちょっとしたことではありますが、接近してきて正面から見返す、というのは堂々とした逃げない姿勢でもあり、自信がありそうな印象を与えられるのです。

あいさつは講師机の後ろからではなく、前に出てきて行う
スクリーンにかぶるようなら投影は消しておく

図4.8：あいさつは前に出てする

その際、自分の身体がプロジェクターの投影にかぶってしまうようなら、投影は消しておきます。ちなみに、PowerPointであればスライドショー実施中に［B］キー（Blackの略）を押すと全面を暗転（黒ベタ表示）にすることができ、投影を消すのとほぼ同じ効果が得られます。これは知らない方が多いですが、手元にプロジェクターのリモコンがなくても随時できるので、画面と関係ない話に話題が飛んだ時に役に立つので覚えておくといいでしょう。

ニコヤカに

よくいわれることですが、基本的にニコヤカに、笑顔を作ることを忘れないようにしましょう。

緊張していると顔の筋肉がこわばって上手く笑顔ができませんし、普段、人とあまりしゃべらない生活をしているとやはり同じように顔が固まってしまいます。実際私も半引きこもりのような生活をしていた時期には、しゃべれず・笑えずという状態で困ったことがありました。現代では引きこもりでなくても職種によっては打ち合わせもメールやチャットで済んでしまい、ほとんどしゃべらないで仕事をしているという人もいるようです。そんな場合は鏡を見て「笑顔を作る練習」をしてみてください。

なお、笑顔を作るのには顔の筋肉を使います。この時使う筋肉の大部分は声を出すために口周りや顎を動かす筋肉と共通なので、滑舌の練習をすると笑顔のほうにも効果が出ます。そのため、滑舌練習時に鏡を見て笑顔を作りながら声を出すようにすると一石二鳥です。

服装も目的に応じて選ぶ

第3章にも登場したAppleのスティーブ・ジョブズがいつも黒タートルにジーンズ姿だったのは有名ですが、そんな彼もスタンフォード大学の卒業式でスピーチをした時には、アカデミックドレスと呼ばれる礼服を着ていました。卒業式は自社製品の発表会ではなく、卒業する学生への敬意を示すべき場であるとの判断をしたのでしょう。

一方、私の知っているある公認会計士は、普段の仕事では会計士らしくパリッとしたスーツに身を固めています。しかし、ときどき子どものための金融教育の依頼を受けて小学校に行くことがあり、そんな時にはアメリカ西部開拓時代を扱った映画にでも出てきそうなカウボーイ姿で行くと聞きました。そうすると服装だけで子どもの興味を引けて、何か面白いことがありそうだという期待感を演出できるのだそうです。

彼の場合、実際に馬術の達人でもあるので、そのカウボーイスタイルは付け焼き刃ではありません。こうした裏付けがあれば、服装によるプレゼンスの演出は上手く行きます。

IT技術者にもできるテクニック：「パワー・タイ」

IT技術者が変わった服装をしたほうがいい場面はそう多くはないと思います。ですが、例えば男性で一般的なサラリーマンスタイル、つまりスーツを着てネクタイをしていくとしても、ネクタイにはちょっと目立つ色を使うといった工夫はできます。

ここぞという勝負所で使うネクタイのことを「パワー・タイ」といい、アメリカ大統領選の候補者がよく赤のタイを使うこともあって、赤が代表的なパワー・タイ・カラーとして有名です。

しかし有名なだけに逆効果になる場合もありますので、興味のある方は「パワー・タイ」というキーワードで調べてみてください。

ゆっくり動くこと、フラフラしないこと

せわしない、そわそわした落ち着きのない動きをしていると、「何か心配事でもあるのか？　自信がないのか？」といった印象を与えてしまいます。人前で話をするのに慣れていないと、どうしても心の緊張が「せわしない動き」として表れやすいので、意識的にゆっくり動くようにしましょう。

ボイスコントロールの節でも「低いトーンでゆっくりしゃべり始める」、ジェスチャーの節でも「3秒キープの原則」や「ワイプ動作」、インタラクションの節でも「しっかり間を取る」など、意識的にゆっくりゆったりした演出をするべきという話が出てきているように、これは基本的な原則であると考えてください。

といっても、それをわかったうえで意図的に原則を破って早口でしゃべったりすばやい動作をしたりするのは問題ありません。エネルギッシュな印象を与えたい時は早口のほうが適していますので、そこはケースバイケースです。ただし、早口でしゃべると相手が聞き取れないケースが出てくるため、同じことを二度三度と繰り返していったり、大事なキーワード、要点をスライドに投影しておいたりといった配慮は必要です。

もう1つ、特に上半身がフラフラ揺れないように気を付けてください。プレゼンテーションに慣れないうちはどうしても体重を右と左の足に交互にかけてしまい、上半身がフラフラ揺れることが多いものです。心の緊張というのはどうしても身体のどこかに出てくるものなので、これはなかなか止まらないものですが、少なくとも意識はしておきましょう。そうすれば、体重移動をしそうになった時に「いや待てここは止めておけ！！！」と、だんだん踏みとどまれるようになります。私の場合はそうでした。

ちなみに「心の緊張」は手元に表れる場合もあります。よくやりがちなのが、資料を無意味に左右の手で持ち替えたり、指示棒を無意味に伸ばしたり縮めたりする動作です。それらにも気を付けてください。

相互に確認する

ジェスチャーやインタラクションの節と共通することですが、フラフラした動作も自分ではわかりづらい場合があるので、社内外の同僚や有志と「プレゼンテーション勉強会」を開いて相互に確認・アドバイスをすると効果的です。見るべきポイントを意識して他人のプレゼンテーションを見ると、上手いところもダメなところも勉強になります。

この「相互確認」方式を活かすためには、自分が見る側の立場の時には褒めるだけでなく、必ず「こうすればもっとよくなる」というアドバイスをするようにしてください。

というのは、アドバイスをするためには、「ダメなポイントを見つけてそれを言葉で表現し、改善案も示す」必要があるためです。これは自分がよく理解していないとできません。

「人に教えることによって自分が一番勉強になる」とはよくいわれることですが、アドバイスをしようとするとよく考えなければならないので、その分、自分が成長するのです。

アイコンタクトの取り方

目と目を合わせる「アイコンタクト」も重要です。目安としては、1人に対して2秒ぐらい目を合わせるようにします。あまり短いと目が逃げているような印象を与えるので、2秒は切らないように意識しましょう。

また、Z型アイコンタクトというセオリーも覚えておいてください。

自分から見て、会場の奥2カ所、手前2カ所の四隅に座っている人に意識的にアイコンタクトを向ける方法です。特に手前の隅にいる人には目を向けにくく、後ろにいる人は距離が遠いのでやはりインタラクションが成立しにくいため、逆にこの4カ所に注意しておくといいのです。

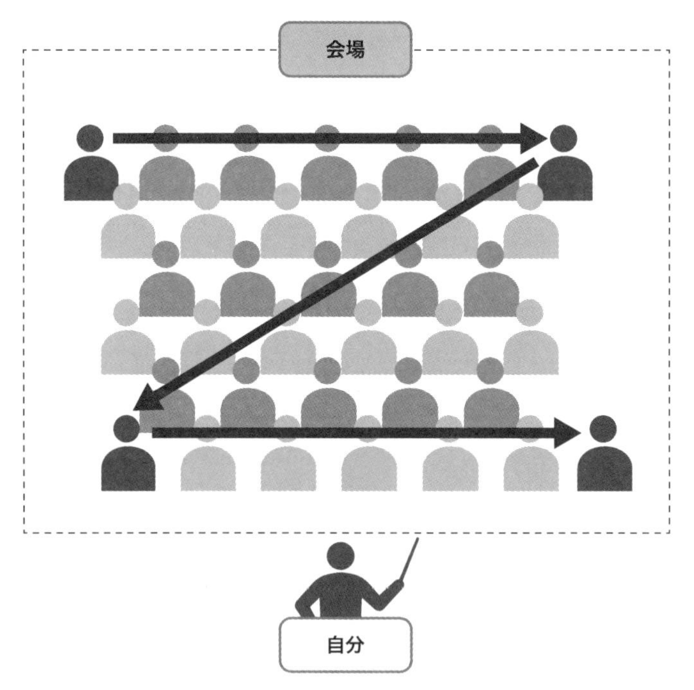

図4.9：Z型アイコンタクト

振り返りトーク

プレゼンテーションに不慣れな人のほとんどがやってしまう失敗に「スクリーンを見てしゃべってしまう」というものがあります。何が写っているかを確認するために見ること自体はかまいませんが、しゃべる時は必ず聴衆のほうを向いて話すようにします。これが「振り返りトークの原則」です。この時、スクリーンの一部、話す内容に関連のある部分を手で指し示す動作も合わせて行うように練習しておくとよいでしょう。

なお、「スクリーンの一部を指し示す」時、スクリーンが小さい場合は自分の手でかまいませんが、大きい場合は指示棒を使うこともおすすめです。レーザーポインタは光点がチラチラ不規則に動いて、聴衆の意識が散漫になりやすいので指示棒が使えない時にだけ使うことをおすすめします。

まとめ

どんな技術もそうですが、解説を読んだだけでできるようにはなりません。ボイスコントロール、ジェスチャー、インタラクション、プレゼンスといったデリバリーに関する技術も同じことで、「やってみて、改善する」の繰り返しが必要です。

ただし、デリバリー系の技術は本書でこれまで扱ってきた「分解・分類・ラベリング」に比べればずっと簡単に身につけられます。というのは、デリバリーのほうは「やることがほぼ決まっていて、自分でゼロから考えなければいけないものがない」からです。

ラベルは毎回その都度自分で考える必要がありますが、ジェスチャーやインタラクションの技術は定型パターンで済みます。そのため、少しの練習で格段に上手くなるので、ぜひ実践してみてください。

そうしてデリバリーが上手くなったところで、さらに上を目指すために必要なのが、ITシステムの「複雑な構造」を適切に表現することです。これはデリバリーが上手くなっただけではカバーできない領域で、分解／分類・ラベリングを徹底するだけでも足りません。さまざまな事例を通じて構造を図解する経験を積んでいく必要があります。

第5章では、その事例をご紹介します。

第5章

「情報を構造化するパターンを知っておこう」

IT技術者は複雑・難解な構造を持つシステムを説明しなければならない機会が多いものです。その時に求められるのが「図解」を活用すること。本章ではいくつかの事例をもとに「複雑な構造」を表現する事例を紹介します。

デリバリーと違って難易度が高いスキルですが、基本は分解・分類・ラベリングです。根気よく続けてみましょう。

5.1 「なぜ構造化が必要なのか？」

ある時、伊吹君に変わった依頼がやってきました。

「セキュリティの「セ」の字も知らないような素人さんに、セキュリティ対策の基礎知識講座を30分ぐらいでやってもらえませんか？」

「え？　僕は専門家じゃないので、公的機関のガイドラインの焼き直しぐらいしかできませんよ」

「ああ、それでいいです。中学生に話すぐらいのつもりでやってくれれば」

ということなので引き受けることにしました。

そして作った「セキュリティ対策・基礎講座」の資料にアドバイスをもらうべく、赤城さんに見せたところ……

「この『情報セキュリティ10大脅威2016』のページ、ソースはIPA（情報処理推進機構）の解説か……うん、これは、構造化をしたほうがいいね」

「構造化……といいますと？」

「前にもいったけど、分類してラベルを付けること。それから、要素間の関連性がわかるようにすること」

「IPAのオフィシャルな広報資料ですけど、やっぱりそんな加工をしたほうがいいですか」

「10大脅威だから10箇条あるけど、僕の経験上、箇条書きがそのまま使えるのは4箇条まで。5箇条以上あるならたいてい何かの観点で分類できるし、そのほうがわかりやすいことが多いんだよ。素人さん向けに話をするならもう一工夫したほうがいいよ」

構造化とは何か思い出そう

IT技術者が説明しなければならない情報はたいてい非常に複雑ですし、論理的に難解なものが多くなります。そこで重要なのが「構造化」、つまり「分類してラベルを付け、要素間の関連性がわかるようにすること」です。「分類してラベルを付ける」についてはすでに第1章で触れていますが（第1章**図1.6**～**図1.8**など）、これは特に重要なのであらためて書いておきます。

例えば、1台の乗用車は約3万点の部品からできていますが、「自動車の仕組みを説明します」という時に、誰もその3万点の部品を1個ずつ語るようなことはしないでしょう。**図5.1**のようにエンジン、クラッチ、変速機のような大きなカタマリ単位で説明するはずです。

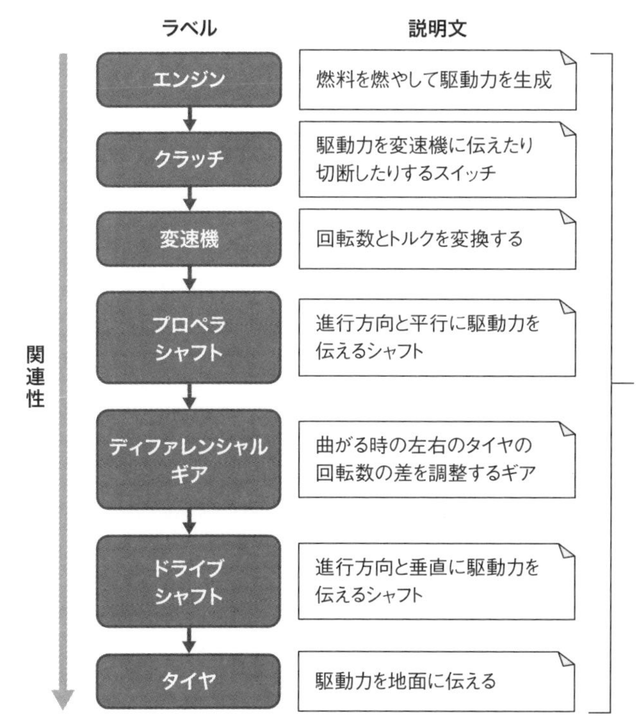

図5.1：構造化例「自動車の仕組み」

エンジン、クラッチ、変速機などはそれぞれ分解すると無数の細かな部品でできていますが、それを分類して「エンジン」という名前を付けているわけです。こうした機械モノの場合はわざわざ自分でやらなくても業界の共通認識として分類がハッキリしていることが多いのですが、分野によってはそうなっていません。

実際に、伊吹君が作った「情報セキュリティ 10大脅威2016」のページを見てみましょう（**図5.2**）。

1. インターネットバンキングやクレジットカード情報の不正利用
2. 標的型攻撃による情報流出
3. ランサムウェアを使った詐欺・恐喝
4. ウェブサービスからの個人情報の窃取
5. ウェブサービスへの不正ログイン
6. ウェブサイトの改ざん
7. 審査をすり抜け公式マーケットに紛れ込んだスマートフォンアプリ
8. 内部不正による情報漏えいとそれに伴う業務停止
9. 巧妙・悪質化するワンクリック請求
10. 脆弱性対策情報の公開に伴い公知となる脆弱性の悪用増加

図5.2：情報セキュリティ 10大脅威 2016

（出典：情報セキュリティ 10大脅威 2016：IPA 独立行政法人 情報処理推進機構
https://www.ipa.go.jp/security/vuln/10threats2016.html）

このページでは10箇条ありますが、「セキュリティの「セ」の字も知らないような素人」がこれを見ると情報量が多すぎて消化不良を起こします。

「情報量が多い」と、それだけで人は「うわっ、難しそう、理解できない」と思いがちです。とはいえ情報量を減らすといっても、「10大脅威」のトップ3だけ残してあとは省略するような方法だとそれはそれで問題があります。

10箇条のすべてに触れつつ、読者が理解するための負担を減らすために役に立つのが「構造化」です。例えば**図5.3**のような構造化が可能です。

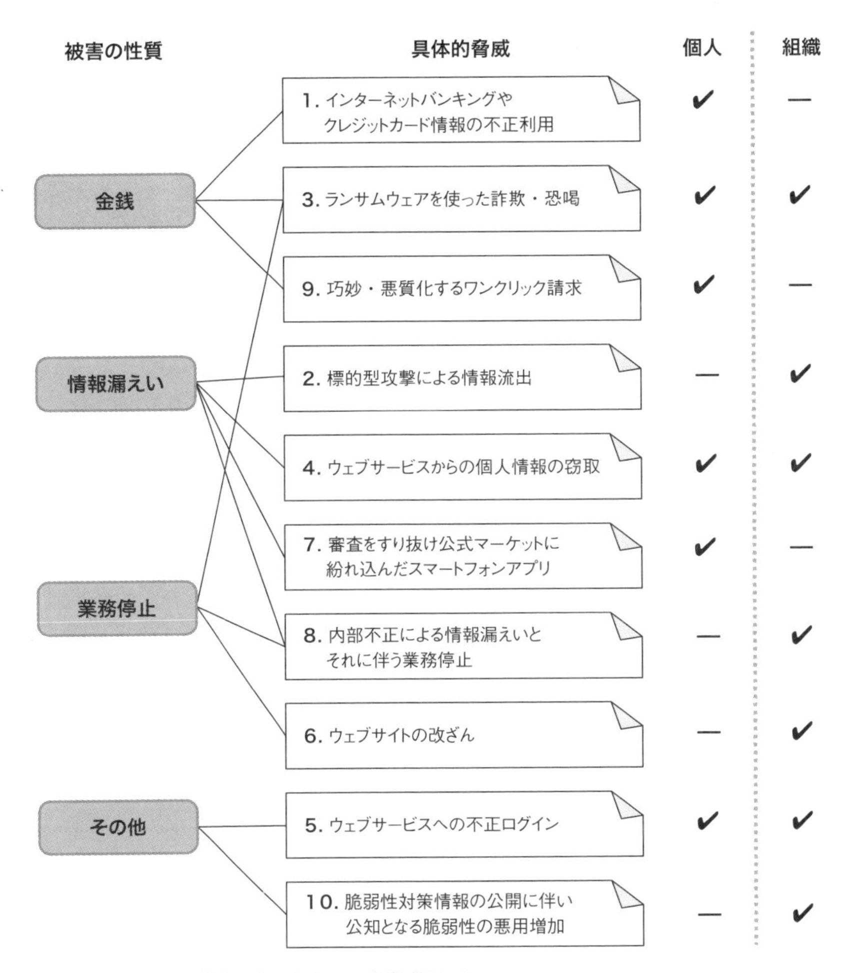

図5.3：構造化例：情報セキュリティ 10大脅威 2016

図5.3は、10大脅威を「被害の性質」と「(主に影響を受けるのが) 個人か組織か」という2つの観点で分類したものです。

被害の性質を「金銭」「情報漏えい」「業務停止」「その他」くらいに分けてみると、1分類当たりの具体的脅威が多くて4箇条ぐらいに減ります。ここが重要なところで、「分類－明細」の関係を作る時、1分類当たりの明細ができるだけ4つ以下になるように考えてください。ただしあくまでも努力目標で、絶対条件ではありません。

素人が見た時に「情報量が多い」と感じるのは、「ひとまとまりで考えなければいけない情報量」のことなので、

箇条書きの項目数が多い時は、まとまり、カタマリを作る

要するに、分類することでたいていなんとかなります。

こうして分類しておくと、口頭で説明する時には次のようなトークが使えます。

2016年の情報セキュリティ10大脅威は、被害の性質から見ると大まかに「金銭」「情報漏えい」「業務停止」と「その他」に分かれます。それぞれ、お金の被害が起きるのは……（以下、明細を説明)

金銭、情報漏えい、業務停止のようにいずれも「あ、これは困ることだ」と直接的にわかるような分類があると、専門知識のない人でも理解しやすくなります。明細の項目では「ランサムウェア」や「標的型攻撃」のように専門用語が出てくるのはやむを得ませんが、分類の項目ではできるだけ専門用語を使わないほうがよいでしょう。

キレイに分類できないものに要注意

しかしながら、分類しようとしてもキレイに分類できないものがたいてい出てきます。「その他」というのがそれですが、複数の分類に当てはまるものもあります。**図5.3**では8番目が「情報漏えい」と「業務停止」の双方に、3番目のランサムウェアも「業務停止」を人質にした脅迫による「金銭入手」を狙うものですから、本質的に両方にまたがっています。7番も「情報漏えい」といっていいのかは疑問です。どんな分野の話題でも、こういう「複数の分類に当てはまるもの」は素人にとって理解しにくいことが多いので、それを見つけておくことは重要なのです。

また、分類しようとすると例えばこんなことに気が付きます。

そもそも「情報漏えい」ってその後の「金銭詐取」に利用されることがよくあるので、この2つは重なっていることが多いんじゃないか？　因果関係になっているんじゃないか？

「キレイに分類できない情報」をきっかけによく考えることで、こうした「要素間の関連性」が見えてきます。IT業界ではこうした関連性を明示しておくことは特に重要なので、執念をもって探してください。

図5.1の自動車の話は、要するに「エンジンが産んだ『力』をタイヤに伝達する、力の流れ」を語るものでした。それが、「関連性」です。情報セキュリティ10大脅威を要素間の関連性の観点で整理した例を示すと**図5.4**のようになります。

脆弱性が存在し、それに対する攻撃が行われて成功すると、その後に被害（金銭損失などの実害）が発生するという流れです。こうしてみると、1～10の脅威はこの3段階のいずれかを主に語っていることがわかります。しかし例えば1番では「不正利用」の前にクレジットカード情報の流出など、「攻撃の成功」に当たる事態が起きているはずですし、それは例えば2番目や4番目で流出した情報かもしれません。つまり1～10の相互間にも因果関係が存在する可能性があります。

こうした「要素間の関連性を示す」ところまで行くのが「構造化」です。これはIT業界では特に重要です。**特に特に特に**……重要です、と「特に」を100回繰り返したいほど重要なので、執念をかけて取り組んでください。

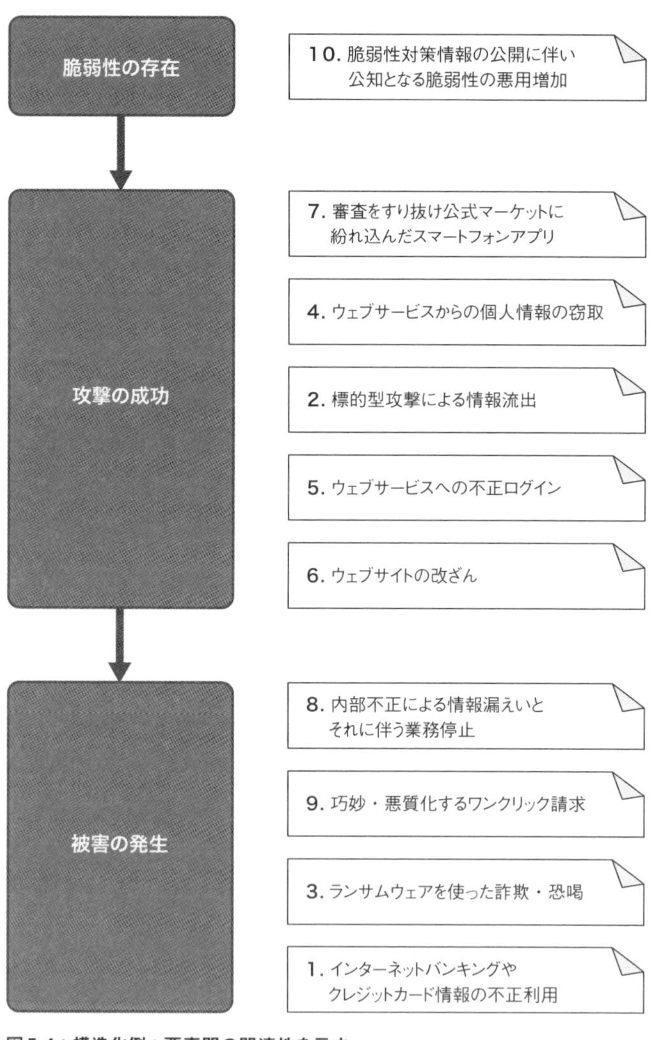

図5.4：構造化例：要素間の関連性を示す

情報システムは「構造」のカタマリである

情報システムというのは、結局のところこうした因果関係の無数のつながりであり、しかもその要素の一部に不具合（バグ）があると、その影響が一瞬で自動的に全体に波及することがあります。だからこそ、どことどこがどのようにつながっているのか、という「構造」を整理して示すことが決定的に重要です。これは単なる箇条書きでは伝わらないことが多いので、箇条書きが書けたからといって満足しないでください。

たいてい、箇条書きの各条の相互に何らかの関連があります。それをしつこく食い下がって追求してください。機械モノの場合はその構造が物理的に目に見えてわかりやすいことが多いのですが、情報系ではそれが見えにくいので、しつこく追求しないと明らかになりません。

構造化の観点は何種類も存在する

多くの場合、構造化の観点は何種類も存在するので、どれが正しいということはありません。10大脅威の例でも、「被害の性質」「(主に影響を受けるのが) 個人か組織か」「被害が発生するまでの流れ」という3つの観点があり、いずれも論理的には正しいものです。

そこで、人に話をする時の目的に応じて適した観点を選んで使います。例えば完全に個人向けに話をするなら、個人に関連する項目のみを絞り込んで話せばよいわけです（個人と組織のチェック例を**図5.3**に掲載)。

「関連性」についても、**図5.1**、**図5.4**のどちらもある種の因果関係で関連性を整理していますが、因果関係にも実のところさまざまな種類がありますし、常に因果関係になるわけでもありません。実際のところどのような関連性なのか、を見極めて明快に表現することは難しいものです。ですが、IT技術者が職務上で「説明」を求められる時は、まさにそれが必要になることがほとんどです。情報システムは構造のカタマリなのです。だからこそ、構造化には執念をかけてください。

とはいえ、現実には「構造化の観点」をすべて自分で見つけ出すのは難しいものです。そこで本書ではよく出てくる構造化パターンをこの第5章で紹介します。

5.2 因果関係を表すパターンのバリエーション

分散システム運用管理製品の導入提案のため、ある製品の資料を提案書に切り貼りしようとしていた伊吹君ですが、箇条書きが並んでいるのを見て、先日赤城さんにいわれたことを思い出しました。

「確か、『箇条書きがそのまま使えるのは4箇条まで。5箇条以上あるならたいてい何かの観点で分類できるし、そのほうがわかりやすいことが多い』……だったよな。それに、関連性がわかるようにしろ、構造化しろ、と」

しばし考え込む伊吹君。

「……あ、そうか。こうしたらどうかな？」

ひらめいた方針で整理して赤城さんに持っていくと

「おお、なるほど……いいね、これ！　そうだよ、こんな風に書けばわかりやすいよ。よくやったな！」

赤城さんは笑顔で答えてくれました。

時間的な順序関係は因果関係とは限らない

物事の手順を示すような文書では、複数の出来事について「Aのあとに Bが起きる」のように、時間的な順序関係が決まっている事象を説明することがよくあります。そのうちの一部を「因果関係」と呼ぶことができ、「原因→結果」というストレートなラベルが使えますが、比率としてはそれほど多くありません。「因果関係」に当てはまらない場合は別なラベルを探す必要があります。

今回伊吹君が考えていたのは次のような資料でした。

> ○○株式会社の分散システムの運用管理製品、Inventory Managerは、下記の機能を備えており、企業へのセキュリティ上の脅威からIT資産を守ります。
>
> 1. 会社が所有するPCのハードウェアおよびソフトウェアに関する資産情報の管理
> 2. セキュリティ状況の確認
> 3. セキュリティパッチの自動適用（必要に応じて設定可能）
> 4. ハードディスク情報の消去（PC廃棄時、情報漏えい防止策）
> 5. 内部統制への対応：IT資産情報の台帳を作成
> 6. 内部統制への対応：IT機器情報の自動検知（管理されていない機器を発見、システムの正しい運用の実現・証明・監査）
> 7. グリーンITへの対応：省電力推進機能（PCの設定改善レコメンデーションや自動設定）
>
> 注：Inventory Managerは架空の製品名であり、実在の企業・団体等とは関係ありません

上の例は7箇条の箇条書きですが、これをよく考えると「現状把握・運用・運用終了」という3つのフェーズで考えることができます（**図5.5**）。要するに、何があるのかを把握し、あるものを上手く使い、使い終わったら適正な手続きを取って捨てる、というわけです。

この形に書くと、セキュリティ、内部統制、グリーンITの3分野のうち、内部統制とグリーンITについては空白部分が多いことに気が付きます。実際は空白部分についても何かあるのかもしれません。また、「会社が所有するPCのハードウェアおよびソフトウェアに関する資産情報を管理」というのは「IT資産情報台帳作成」と重なる内容の可能性があり、これをまとめて書くほうがいいかもしれない、という気付きも得られます。

箇条書きのままではなかなか気付かないこうした点に気付いて改善の手が打てるのも「構造化」することによる大きなメリットの1つです。

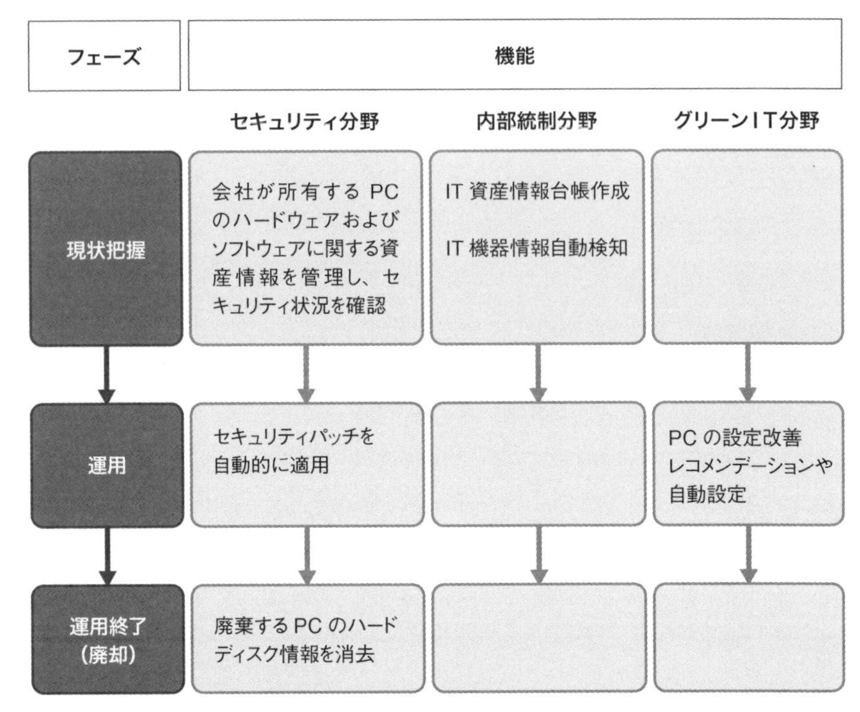

図5.5：現状把握・運用・運用終了

働き／効果／目標のパターン

因果関係を表すパターンの1つに「働き／効果／目標」というものがあります。

図5.6の「基本フォーマット」欄をざっと眺めたうえで、「例1：デジタルカメラ」を見てみましょう。

デジタルカメラは「現像が不要、(撮影したデータの) 複写が簡単」ですので、そのことがユーザーに対して「気軽に写真が撮れる」という効果を与えます。そのため、会議中 (利用シーン) に「簡単に (ホワイトボードなどの) 記録を残したい」という目標に役に立ちます。

何らかの機能（働き）を持った製品（手段）について説明する時に便利なパターン

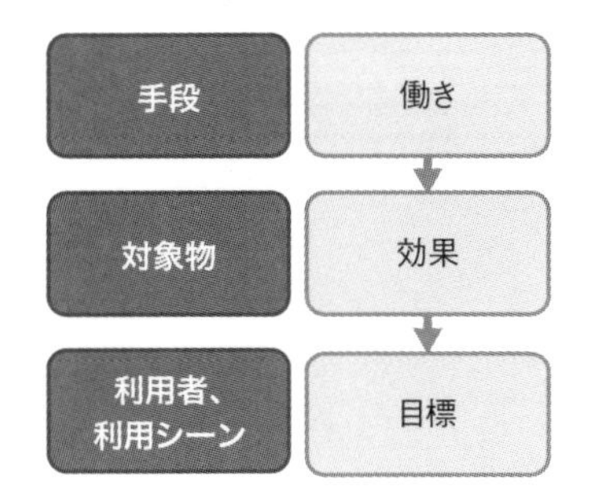

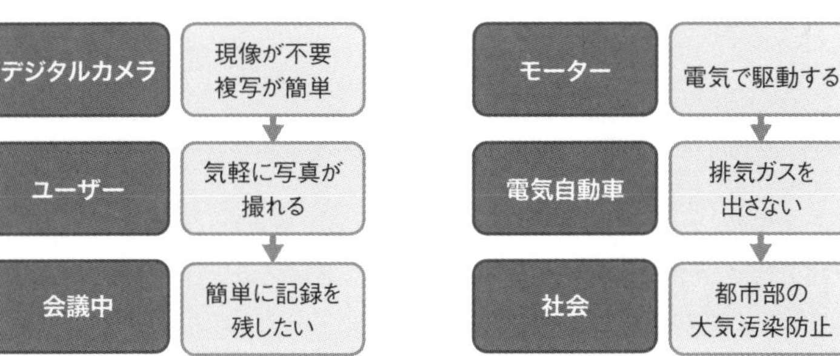

図5.6：働き／効果／目標

このように「手段」の持つ働き（機能）が、「対象物」に効果を与え、それが「利用者、利用シーン」の目標達成に役立つ、というパターンです。ただし基本フォーマットの左側、「手段／対象物／利用者、利用シーン」というラベルを杓子定規に考えると混乱するかもしれません。

例えば、**図5.6**の例1「デジタルカメラ」で2段目に出てくる「ユーザー」というのは日本語にすれば「利用者」なので、「これ、3段目に書くべきかな？」という気もしてきます。実際、「会議中」を「ユーザー」に変えて、つまり2段目3段目の左側をどちらも「ユーザー」にしてしまっても問題なく成り立ちます。私の経験上、「対象物」と「利用者、利用シーン」は共通になる場合もよくありますので、左側のラベルについては目安程度に考えておいてください。

重要なのは、右側の「働き→効果→目標」の部分で因果関係が成り立つことです。この働きがこの効果を持ったらこの効果がこの目標に役立つ、というロジックを軸に考えて、左側はそれに合わせてイメージしやすい言葉を入れるとよいでしょう。

図5.6の例2、「電気自動車」は、「対象物」と「利用シーン」の違いがわかりやすい例です。

もう1つの例として、「ビジネスチャットのメリット紹介」を見てみましょう（**図5.7**）。ITシステムの導入を提案する場面で使われる資料と思ってください。

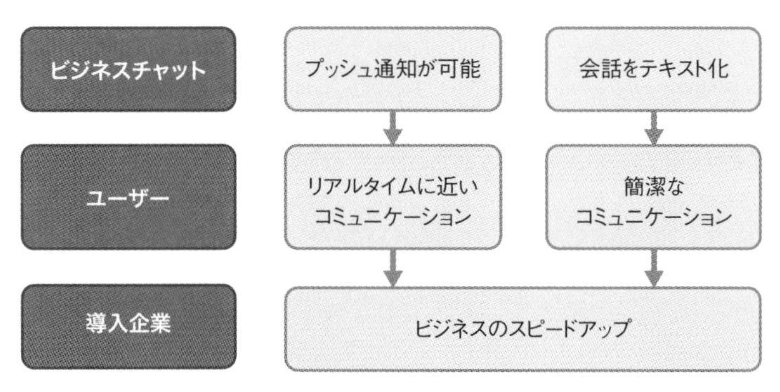

図5.7：ビジネスチャットのメリット紹介

ビジネスチャットはプッシュ通知が可能なのでリアルタイムに近いコミュニケーションができ、会話をテキスト化したモデルなので（手紙文化を引きずっているメールと違って）簡潔なコミュニケーションができる。そのために導入企業にとってはビジネスのスピードアップができる、というわけです。

このように、働きや効果の段階では2つ以上の系統に分かれているものが目標では1つにまとまっていたり、逆に1つの働きが2つ以上の効果や目標を持っていたりという例もよくあります。

この「働き／効果／目標」パターンを使うことの意義は、文字通り「働き／効果／目標」を分けて意識できることにあります。エンジニアは通常、「働き」を実現させるために日々頭を使っている人々なので、説明しようとするとどうしても「働き」の部分が偏重になりがちです。

それに対して、特に経営者層がシステム提案を受けるような時は「目標」の部分に関心がある場合が多く、「働き」から話をしがちなエンジニアとの間にギャップが生まれます。そのギャップを解消するために、この「働き／効果／目標」パターンが有効なのです。

背景／要求／解決策のパターン

因果関係のバリエーションの1つで、ビジネス上の提案をする場合によく出てくるパターンに「背景／要求／解決策」というものもあります。ごく単純な例としては

背景：雨が降っている時に
要求：濡れずに外を歩きたいので
解決策：人間は傘を使うようになりました

というものです。「背景」を「雨が降っている時に（状況）、外を歩いて濡れると不愉快ですし健康にも悪いので（問題点）」のように状況と問題点に分解したり、「解決策」を「雨を頭の上で遮るために（方針）、折りたためる骨組みに布を張った傘を作る（具体策）」のように方針と具体策に分解したりといった細かな派生形もあります。

では、次の例文を整理するとどうなるでしょうか。

LSB（Linux Standard Base）とは、Linuxのディストリビューションに求められる最低限の機能セットを定めた標準仕様です。Linuxのディストリビューションとは、Linux OSのカーネルにさまざまなツールや機能を付加した配布パッケージで、一般にLinuxはこの形式で流通しています。ディストリビューションは個人も含めて誰でも自由に作ることができるため、さまざまなディストリビューションが存在し

> ています。これらの間の互換性を確保し、あるディストリビューション用に作成したアプリケーションが他でも動作する環境を整備するため、Linux関連の開発者や企業などが集まり、APIやライブラリの基本セットや相互運用のための指針を定めたものがLSBです。

これを背景／要求／解決策のパターンに直すと、以下のようになります。

> **背景：**LinuxはOSカーネルにさまざまなツールや機能を付加したディストリビューションという形で流通しており、ディストリビューションは誰でも自由に作れるため、異なるディストリビューション間の互換性は乏しい状態でした。
>
> **要求：**しかし、Linuxが普及するにつれて、あるディストリビューション用に作成したアプリケーションを他でも使用したいケースが増え、相互互換性の確保が求められるようになりました。
>
> **解決策：**そこで互換性を確保するため、Linux関連の開発者や企業などが集まり、APIやライブラリの基本セットや相互運用のための指針を定めたものがLSBです。

これに「原因→結果」のようなラベルを使うのはあまりにも不自然ですので、通常は因果関係とは呼びません。とはいえ、背景があって要求が生まれ、要求に対して解決策が出てくる、というこのような関係も、広く解釈すれば因果関係の一種です。

時間軸に沿った一定の動きにまず注目しよう

「働き／効果／目標」や「背景／要求／解決策」がその例ですが、こういう「因果関係の一種と解釈できるものの、別なラベルを使ったほうが理解しやすく自然なケース」は非常に多いものです。そこで

> まずは、時間軸に沿った一定の動きに注目する

ことを心がけてください。因果関係の一種であれば順番が前後することはないので、時間軸上に一定のパターンで並ぶからです。

5.3 フロー&コメントのパターン

伊吹君の会社の内線電話には３人以上で電話会議をする機能があります。

ある時、社外の人を含む４人で電話会議をしようとした伊吹君は、「電話会議の始め方」マニュアルを読みました。わかりやすくはなかったものの、大して複雑な手順でもないので無事使うことができました。

「でも、わかりやすくはないよな、これ。……どう書けばいいんだろう？　構造化するとしたら……？」

マニュアルというのは作業手順書の一種です。実務でも書く機会があります。構造化の練習のために考えてみることにしました。

「手順だから時間的順序は一定だ。でも、背景／要求／解決策とか働き／効果／目標とか、そういうものじゃないもんなあ……手順ですとしか言いようがないような気がする……」

「いや待て、ここは分類ラベル／単純ラベルの考え方が使えるんじゃないか？」

手順を説明するための便利な方法

「手順」も「時間的順序が一定」ではあるものの、「因果関係」とは呼びづらいパターンです。伊吹君が読んでいた「電話会議の始め方」マニュアルを見てみましょう。

“

【電話会議の始め方】

電話会議を主催するには、まず2人目の人に普通に電話をかけてください。内線／外線のどちらでも可能です。

2人目との通話が確立したら、「少し待っていて」と伝えてから「保留」キーのあと「1」「9」を押します。そのあと3人目に電話をかけます。3人目との通話が確立してから2人目の保留を解除すると3者会議になります。保留を解除するには、3人目が内線通話なら「保留」を1回、外線通話なら「保留」を2回押します。

4人目を呼び出す時は、すでに会議に参加している人に「少し待っていて」と伝えてから「保留」して4人目に電話をかけます。4人目以降を追加する時は「保留」のあとの「1」「9」は不要です。4人目との通話が確立したら、3人目の時と同じ手順で保留を解除すると電話会議が可能です。

5人目以降は4人目と同じ手順で最大8人まで電話会議が可能です。

これを伊吹君が整理して書き直したマニュアルが**図5.8**です。

やったことは、文章で書かれていた元のマニュアルを分解し、ラベルを付けて1本のフローにまとめただけです。「2人通話確立」「待機要請」「保留＋19」などのハコの部分が単純ラベル、その左側の「3者会議確立」「4者会議確立」が分類ラベルになります。

1つ工夫をしているのは、「似ているけれど違いがある部分を目立つようにしていること」です。3人目と4人目で保留のしかたが違うので、そこだけを網掛け＋太枠のハコを使って目立つようにしてあります。また、保留解除の方法が「内線なら1回、外線なら2回」という部分もタテに並ぶようにして読み取りやすくしてあります。

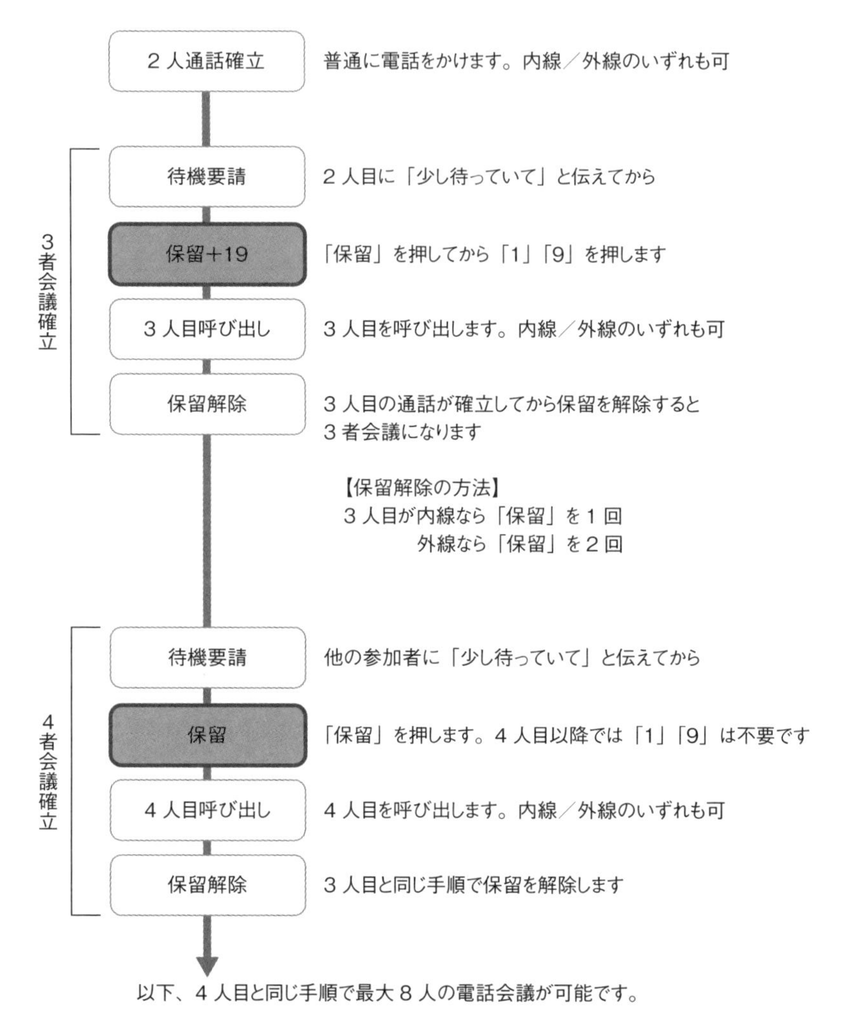

図5.8：電話会議の始め方マニュアル

この例は元の文章がそれほど長くもなく、複雑でもないのでIT技術者であれば大して苦労せずに読み取ってしまいますが、この種の「文章で書かれた手順書」を読むのが苦手な人は非エンジニアでは珍しくないので、できるだけ文章では書かないようにしましょう。

文章の代わりに役立つのが**図5.9**のようなパターンです。これは要するにフローチャートの一種なのですが、私はこれを「フロー＆コメント」形式と呼んでいます。

「フロー＆コメント」形式は、「Aをする、Bをする、Cをする……」という一連の動作をシステマチックに連続して行うことで目的を達成する手順を説明するために使えるパターンであり、「フロー」と「コメント」に分けて書くようにすると見通しがよくなります。

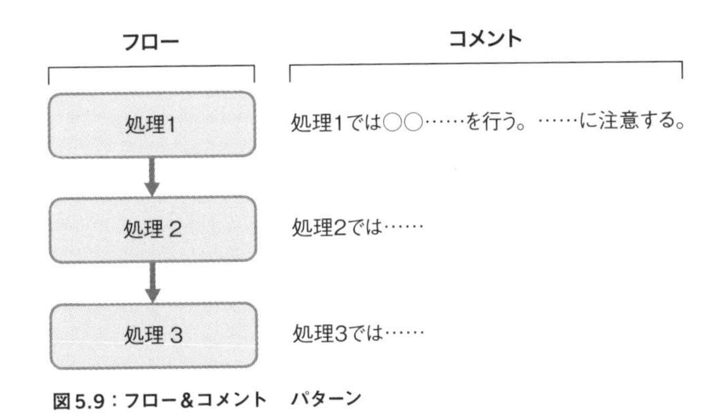

図5.9：フロー＆コメント　パターン

IT技術者にはおなじみのフローチャートは「フロー」部分だけで書くのが普通ですが、そうではなく、「フロー」部分にはラベルのみを書き、細かな説明はその横にコメントとして短い文で書くのがポイントです。ごくごく単純な処理のつながり、目安としてはせいぜい10文字程度で説明できるような処理が続く時はいわゆるフローチャートで間に合うのですが、現実に世の中で使われる「手順書」は手順のひとつひとつが数十字以上のことが多く、数百字に及ぶ場合もあるため、フローとコメントを分けて書くほうがわかりやすいのです。

その際、「フロー」部分にはその手順を象徴するような単純ラベルを書き、コメントで詳細を説明、フローをグループ化できる時はそのグループを示して分類ラベルを付けるのがベストです。

この「フロー＆コメント」パターンは「手順書」には必ず使えるといってもよいぐらいで、役立つ場面は非常に多いのでぜひ使ってみてください。

箇条書きで書くこともできる

なお、**図5.8**や**図5.9**のように図解をせず、箇条書きで書くこともできます。

【フロー＆コメントを箇条書きで書いた例】

1. 2人通話確立：普通に電話をかけます。内線／外線のいずれも可

＜3者会議確立＞
2. 待機要請：2人目に「少し待っていて」と伝えてから
3. 保留＋18：「保留」を押してから「1」「9」を押します
4. 3人目呼び出し：3人目を呼び出します。内線／外線のいずれも可
……以下略

上の例のように箇条書きでも書けるため、この方法は必ずしも図解を必要とせず、ちょっとした作業依頼をテキストメールで送るような場合にも使えます。

口頭での説明でも利用できる

また、口頭で説明する時もこのパターンを応用して話をすることで通じやすくなります。

【フロー＆コメントの口頭説明応用例】

電話会議を始める時はまず「2人通話」を確立します。2人目の人に普通に電話をかけるわけです。内線／外線のいずれも可能です。
2人目につながったら、「待機要請」をします。2人目の人に「少し待っていて」と伝えてください。

それから「保留＋19」です。保留を押してから、1と9を押します。
次に「3人目呼び出し」です。3人目に電話をかけて呼び出してください。
つながったら「保留解除」。3人目が内線なら保留を1回、外線なら2回押します。保留を解除すると3者会議を始められます。

このように、口頭でもフロー＋コメントの型を応用できます。その場合は、「フロー」の部分を印象付けるように強く、ゆっくり間を取ってしゃべるようにしてください。

標準とオプション、処理とデータを区別する

単純なフロー&コメントでは、「処理」だけを記した1本のフローにコメントを付けていきます。しかし場合によっては、フロー部分にいくつかの変化を付ける必要が出てきます。
例として次のテキストを見てみましょう。

【クラウド型開発環境提供サービス】

当サービスでは、システム開発に使用可能な仮想マシンをクラウド環境にて提供します。
当サービスが提供する仮想マシンは、OSおよび開発ツール一式をセットアップした標準環境テンプレートをクローニングしたものです。クローニングは利用者自身の操作により短時間で設定および破棄が可能であり、必要に応じて同一仕様の仮想マシンを簡単にセットアップできます。提供後の仮想マシンを利用する際は、自由に追加ツールのインストールやパラメータの変更が可能です。また、標準環境テンプレートをカスタマイズしてカスタム環境テンプレートとして保存しておき、それをクローニングして使用することも利用者自身の操作により可能です。

IT関係のサービスの説明文としてはありがちなものではないでしょうか。これを例えば**図5.10**のように書くだけではるかにわかりやすくなりますし、この程度のものを作るのはライターやデザイナー、エディターに依頼しなくてもエンジニアだけで可能です。

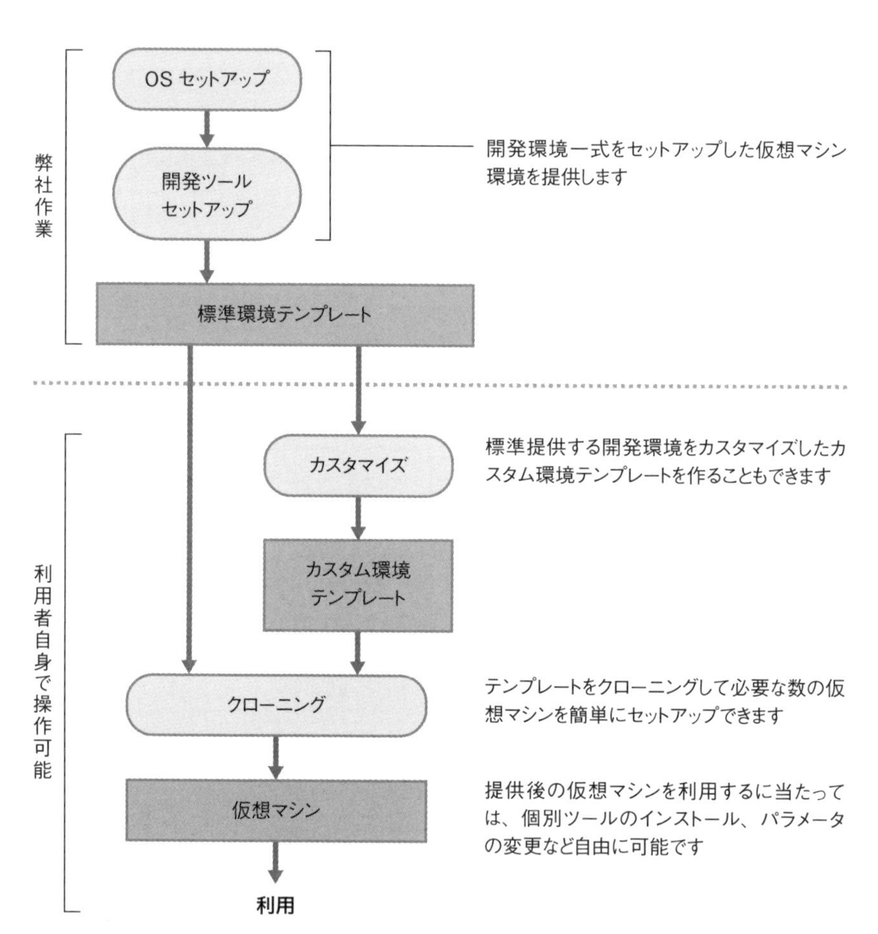

図5.10：クラウド型開発環境提供サービス

これも「フロー＆コメント」型の発展形であることはわかりますね？

真ん中の「OSセットアップ」から「利用」まで、ハコを矢印でつないだ部分が「フロー」で、その右側がコメントです。単純なフロー＆コメントと違うのは以下の3点です。

1. フローに枝分かれがある(「カスタマイズ→カスタム環境テンプレート」の部分)
2. 「作業(操作)」を表す丸いハコと、それによって作られる「データ(仮想マシン)」を表す四角いハコを使い分けている
3. 「弊社作業」「利用者自身で操作可能」という区分も示している

このように説明に「手順」を含むものは、どうしてもコメント部分の文字数が多くなります。それを無理に文章で書こうとすると、文字数が多くなるにしたがってだんだん「大まかな流れ」の全体像を把握しづらくなります。

そこで、その場合はフロー&コメント型を使ってください。そうすればフロー部分で大まかな全体像を提示しつつ、コメントで細部を示すことができます。図解をすれば上記例のようにある程度の枝分かれも書けますし、性格の異なる情報を図形の違いで表現し分けることも可能です。

5.4 「仕組み」が見えるように構造化する

「誰かセキュア・プログラミング講座を開いてくれないかな……お、そうだ、伊吹君、この前、セキュリティ対策基礎講座やっていたよね？　うちの社内の開発者向けにもやらないかい？」
と、何を勘違いしたのか突拍子もない依頼をしてきたのは、伊吹君の属する開発部門の部長でした。
「ええっ？　あれは素人向けにIPAの資料をまとめただけですよ！開発者向けの講座なんて僕にはとても無理です」
「いや、有志の勉強会みたいなものを主催してくれればいいんだよ。わからないからこそ学ぼう、という趣旨で。勉強会といっても正規業務として、必要な時間は勤務時間に計上していいよ」
「でも、どうせやるなら本当のセキュア・プログラミングの専門家に依頼するべきではないでしょうか」
「それはそれでちゃんと予算を取ってやるよ。でもこういうのは日常的に自分自身で研究してないと身につかないからね。日頃から意識して積み重ねていないと、専門家の先生を呼んでも、何かありがたい話なんだろうな、程度で終わっちゃうから。その『日頃の積み重ね』の空気を社内に作ってほしいんだけど、そういうのは興味ないかい？」
「あ、そういうことですか……ちょっと考えさせて……あ、いえ、了解しました、やります」
少し考えてから返事をしようかと一瞬迷ったものの、思い直して引き受けることにしました。テーマには興味があります。会社にとっても必要なことに違いありません。何よりも自分の説明力を鍛える練習になりそうです。
「お、いいね！　何か困った時は相談してくれよ！」と赤城さんもいってくれました。

「知識理解型」の説明

現代の知識労働者（もちろん、IT技術者も含みます）にとって、「自分がよく知らない分野を勉強しなければいけない」という状況は日常茶飯事です。そのために社内外から有志を募って勉強会活動をするのもごく普通のことになりました。

複雑な情報を整理して人に説明することができると、その勉強の効率が非常によくなるのはいうまでもありません。人に説明しようとすると自分がわかっていないところを自覚できるので、単に参考資料を読んでいるだけよりもはるかに効率よく学べます。実際に、伊吹君もそう考えました。

このような場合の「説明」は、第2章の**図2.4**で取り上げた「ビジネス・コミュニケーションを行う4つの場面」でいう「知識理解」のケースに当たります。知識理解型の説明をする場合に重要なのは、「仕組み」が見えるように構造化することです。

「仕組みが見える」とは、自動車でいうなら「エンジンからタイヤまでどんな機構がどうつながって動いているのかが見えるようにする」ことです。この種の知識は車の運転をするだけの利用者には不要なものですが、メンテナンスを担当するエンジニアには欠かせません。

ちなみに、本章の**図5.1**で「エンジンからタイヤまで」の図を出していますが、あれは素人向け、子ども向けの「入門！ 自動車のひみつ！」といった図であって、エンジニア向けの図ではありません。エンジニア向けならばもっと設計図に近い情報が必要になります。そのため「仕組みが見える」ようにしようとすると、情報量が多くなり、複雑な構造を伝える必要が出てくる傾向があります。

一般的にいわれる「プレゼンテーションの鉄則」ならば

> 情報量を絞ってシンプルに伝える

ことが正しいのですが、それは説得型のセオリーであって知識理解型では通用しません。場合によっては複雑な設計図をそのまま読ませて「考えさせ、悩ませる」必要さえあるのが知識理解型説明です。

この節では「仕組みが見える」ようにする構造化の例を取り上げますが、前節までと違って「働き／効果／目標」や「背景／要求／解決策」のようなよくあるフレームワークにならないのが特徴です。そのため、個々の事例を見てもそれをそのまま応用することはできません。事例は「そのまま真似できるお手本として読む」のではなく、エッセンスを感じ取って自分のケースに活かすための「ちょっとした参考資料」と考えてください。

また問題の性質上、かなり技術的に専門性の高い情報を扱うため、予備知識がないと理解しがたい部分が出てきますが、本書は個別の技術分野そのものの解説は意図していないので、その説明（SQLの基本など）は省略しています。必要であれば別途それぞれの解説書などを参考にしてください。

例：SQLインジェクション対策の説明

伊吹君が真っ先に取り上げたのは、SQLインジェクションの問題です。

この事例はたいへん複雑ですが、「仕組みが見える」構造化というものがどのレベルのものなのか、イメージをつかむためには有益なのでご覧ください。説明の都合上、本書のテーマではないSQLインジェクションそのものの解説がある程度長くなるのはご容赦ください。

SQLインジェクションはWebアプリケーションへの攻撃手段の中でも最もよく使われるものの1つです。これを理解するためにはまず「制御コードとパラメータ」という概念を持ってほしいので、**図5.11**をご覧ください。

ここでは通常のプログラムで「処理」を記述している部分のことを「制御コード」と呼んでいます。要するに足したり引いたり関数を呼んだりしている部分が制御コードであり、条件分岐で個別の処理内容が変わることはあっても、制御コード全体は基本的に不変です。

この理解を前提として、SQLインジェクションの例として**図5.12**を見てみましょう。

“プログラム”は入力を処理して出力するもの

一般に、「入力」は可変、「処理」は不変

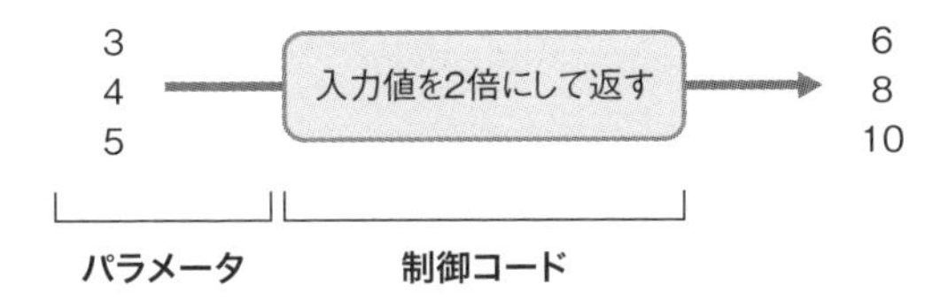

図5.11：プログラムは制御コードとパラメータに分解できる

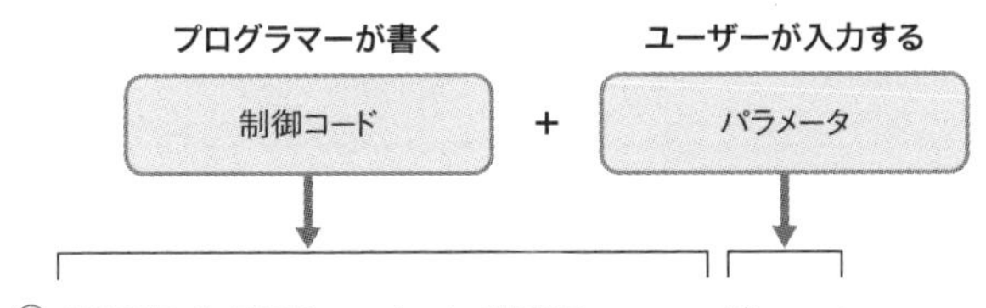

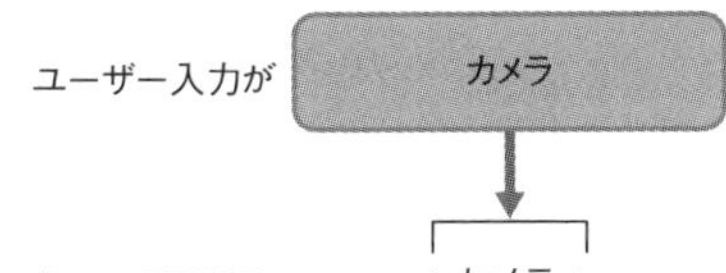

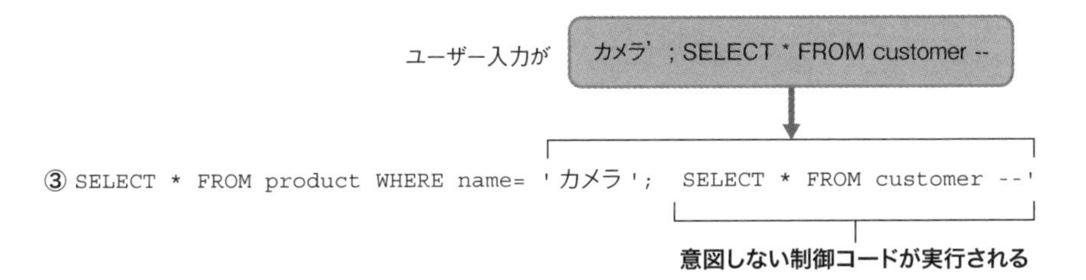

図5.12：SQLインジェクションの例

①はRDB問い合わせに使われるSQL文の例です。SQL文もプログラマーが書く制御コード部分とユーザーが入力するパラメータ部分に分かれます。

DBサーバーに対して発行されるSQL文をキャプチャしてみると、制御コード部分は基本的に毎回変わらず（制御コード部自体をプログラムで動的に組み立てる場合を除きます）、パラメータ部分はユーザー入力に応じて変わります。

①のSQL文は全体として、RDBのproductというテーブルから、`name`カラムが`$name`変数の内容と一致するものを検索する文です。`$name`にはユーザーが入力した内容が入ります。例えば「カメラ」を検索する場合、ユーザーは検索文字列の入力欄に「カメラ」と入れて検索ボタンを押します。すると`$name`が「カメラ」に置き換わって②のようなSQL文が実行されるわけです。

ユーザーがこうした通常の使い方をしている分には問題ありませんが、もしユーザー入力が「カメラ'; SELECT * FROM customer --」だったらどうでしょう？

その場合、SQL文は③のようになり、`SELECT * FROM customer`という、プログラマーが意図しない制御コードが実行されてしまいます。本来productテーブルを検索するところでcustomerテーブルが検索されてしまうわけです。このようにSQLの文法構造を悪用して、ユーザーが入力可能な部分にSQL文を忍び込ませて不正なコードを実行させるのがSQLインジェクション脆弱性です。

新しい基礎概念を作ってラベルを付けることが重要

ここまでSQLインジェクションそのものの説明をしてしまいましたが、もちろんそれは本書のテーマではありません。本題に話を戻して、「仕組みが見えるように構造化」するために**図5.11**および**図5.12**でどんな工夫をしているかを整理すると、以下の3点になります。

1.「制御構造」と「パラメータ」という基礎概念を導入している（ラベリング）

2. 基本フォーマット（**図5.12**の①）、通常ケース（②）、不正ケース（③）を対比しやすく並べている
3. **図5.12**で、ユーザー入力の部分をSQL文全体と区別して明示している

「基礎概念の導入」は要するにラベリングです。この話の例でいえば、「ソースコードのうち、ユーザー入力に置き換わる部分以外」という概念を作って「制御コード」や「パラメータ」という分類ラベルを付けています。このような概念を表す手頃な用語がすでにあるならそれを使えばいいのですが、見つからなかったので代わりに「制御コード」という言葉で代用しました。

私の経験上、技術解説をしようとした時にこのように「既存の用語ではイマイチ上手く表現できないので、新しい用語を作ったほうがよいケース」は頻繁にあります。ラベル付けについては第1章で詳しく書きましたが、これは難解な概念を人に伝えるうえでのキモといってもいいので執念をもってやってください。これをやらずに、「ソースコードのうち、ユーザー入力に置き換わる部分以外」のような長ったらしい名前を使い続けていたのでは、相手の脳内に「概念」を作ることは不可能です。

また、基礎概念は本題に入る前に説明しておくほうがよい場合が多いです。ここでも**図5.12**でSQLインジェクションという本題を書く前に**図5.11**で基礎概念だけを示しています。能力の高い人に説明するなら基礎概念の図示を省略しても通じますが、予備知識の少ない初心者相手の場合は通じません。

視線をタテ・ヨコに動かすだけで比較できるように

2番目の「対比しやすく並べる」というのは、構造を可視化するための基本中の基本です。

文章で書く場合でも、箇条書きにして対応関係のある情報をタテに並べるだけでわかりやすくなるケースがあります。技術解説をする場合、複雑な関連性を持った全体構造の中の「一部を変更した時に何がどう変わるか」

を説明することが多いのですが、そもそも「どこを変更したのか？」を文章でわかりやすく書くことは難しいものです。

そこで、「変更した部分を見比べやすいように、複数の変化形をタテかヨコに並べておき、視線をタテヨコに動かすだけで比べられるようにする」のが、構造可視化の原則と思ってください。したがって必然的に図解が必要です。

3つ目の「入力部分をSQL文全体と区別」というのもよく使う方法です。文章だと、カッコ（『』、「」、【】など）でくくったり、フォントを変えたりぐらいしかできませんが、図解が使える時は形の違う箱、線、位置関係などいろいろな手段で区別できます。

しかし、区別するためにはその前に「この2種類は区別しなければならない」ということを自覚していなければならず、そのためには「これとこれは別な種類である」という「分類」が必要です。つまり結局のところ、分類ラベルをきちんと考えることがここでも重要です。

さて、では次にSQLインジェクション脆弱性が起きる原因ともいうべき、SQL文が実行されるまでの手順を見てみましょう（**図5.13**）。

SQLインジェクションの仕組みと対策についての説明文は下記の通りです。**図5.13**や**図5.14**と合わせて読んでください。

この文と図でどのような構造化の仕掛けを使っているかについては後ほど解説します。

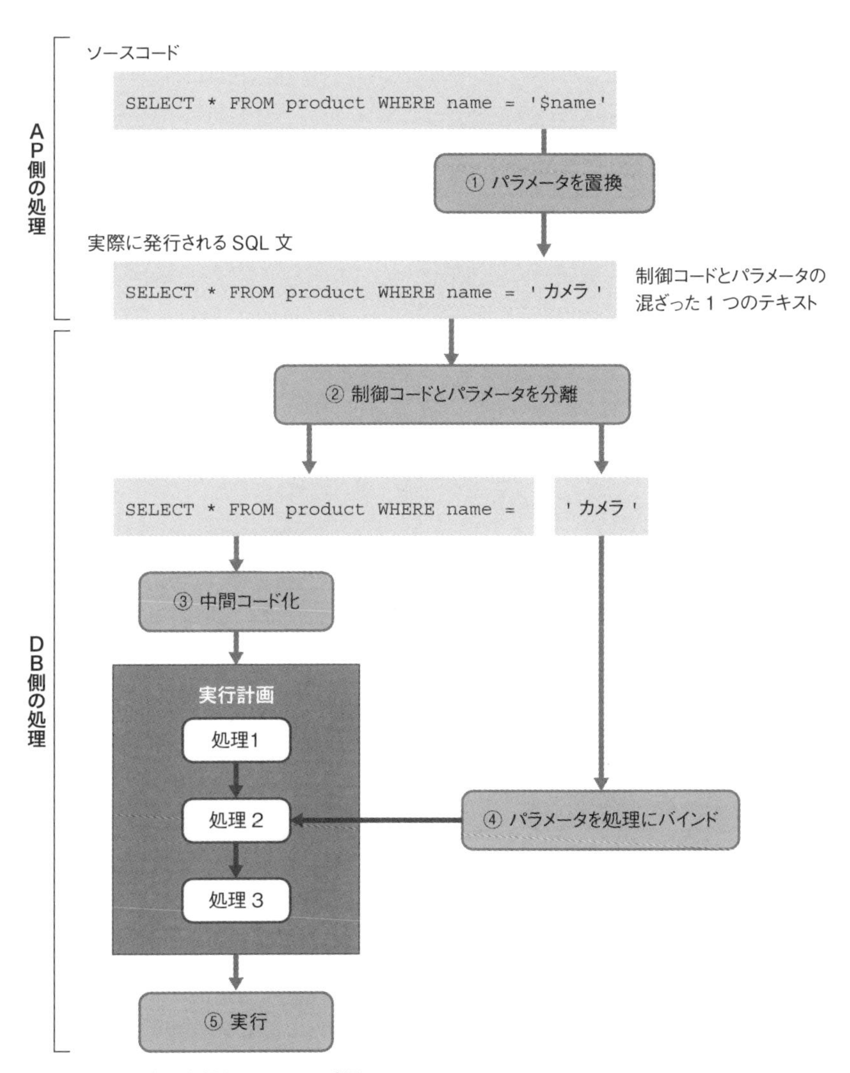

図5.13：SQL文が実行されるまでの手順

アプリケーション（AP）では、ソースコード上に書かれているSQL文に対して「①パラメータを置換」して実際に発行されるSQL文を作ります。これは制御コードとパラメータが混ざった1つのテキストです。

これを受け取ったDB側がもし「②制御コードとパラメータを分離」して、制御コード部分を「②中間コード（実行計画）化」し、そのあとに中間コードに「④パラメータをバインド」したうえで「⑤実行」していれば問題は起きません。なお、「バインド」というのは、パラメータを中間コードの中で実際にそれが処理される部分に「結び付ける」ことです。

制御コードとパラメータを混ぜてはいけない

ここで問題なのが「APからDBに渡されるSQL文は、制御コードとパラメータが混ざっている」ということです。混ざっているからこそ、悪意あるユーザーがパラメータに巧妙に制御コードを仕込んできた時には、「②制御コードとパラメータの分離」が上手く行かず、「③中間コード」に悪意の制御コードが混ざり込んでしまうわけです。

これを防ぐためにはどうしたらよいのでしょうか？

方法は複数ありますが、中でも決め手といえるのが**図5.14**に示す「バインド機能を使用する」ことです。

要するに問題は「制御コードとパラメータが混ざったSQL文」にあるので、これを混ぜずにDBに渡す方法です。「①パラメータの置換」はパラメータだけで行い、制御コードとパラメータを分離してDBに渡します。DBが受け取る制御コードにはユーザー入力が混ざっていないので、「②中間コード化」する際のインジェクションは原理的に起こりません。残る「③パラメータを処理にバインド」して「④実行」する部分は同じです。

この方法だと、パラメータに悪意の制御コードが混じっていてもそれは単なる「変な文字列」として扱われるだけで、中間コード（実行計画）には何の影響も与えないわけです。

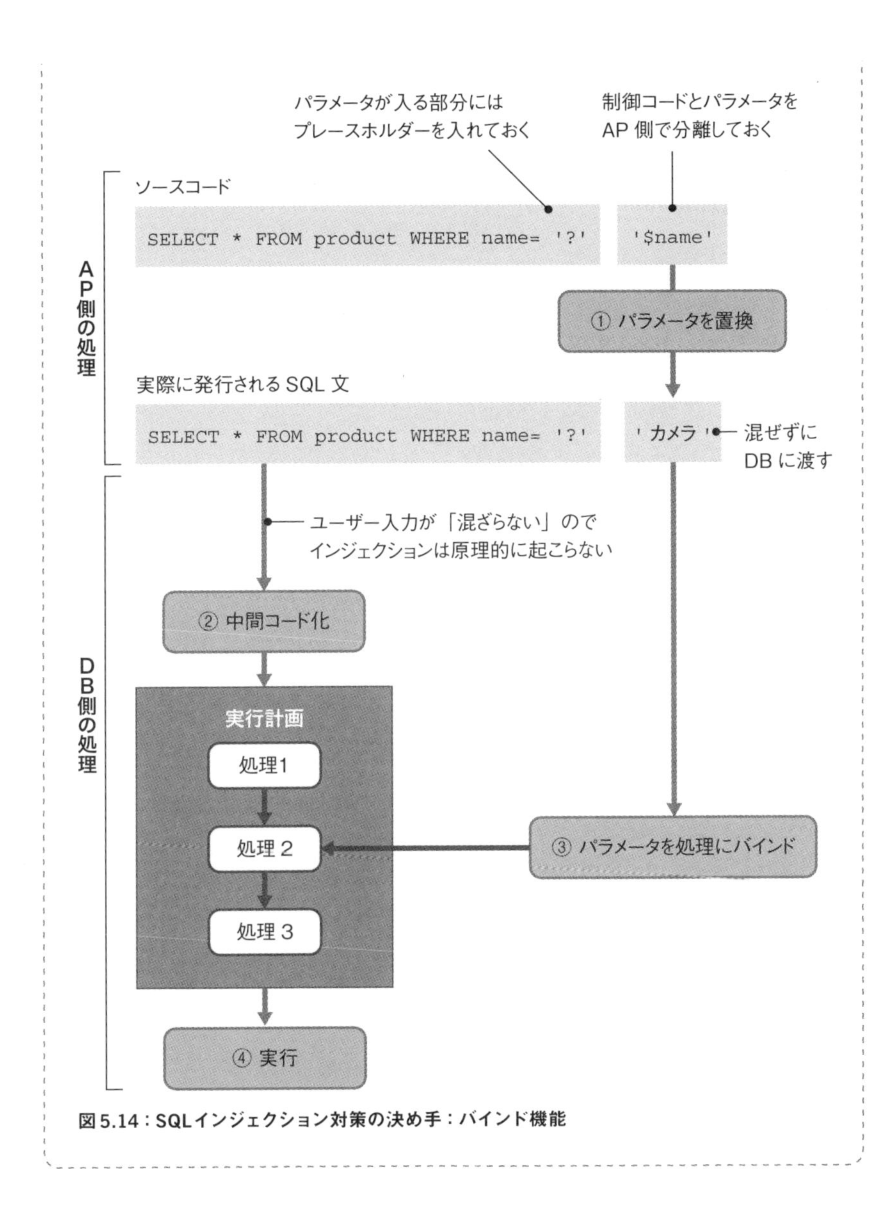

図 5.14：SQLインジェクション対策の決め手：バインド機能

では本題に戻って、**図5.13**、**図5.14**でどのような「仕組みが見える構造化」の工夫があるかを見てみましょう。ポイントは4つあります。

1. AP側とDB側の境界を明示
2. 「制御コードとパラメータの分離」が必要だというイメージを作っている
3. 「バインド機能」の働きを可視化している
4. ①〜⑤の処理フローが一方向に流れるように配置してある

1つ目の「境界の明示」もよく出てくるポイントで、複数の構成要素間でシステマチックな連携がある場合はその境界を明示するようにします。

2つ目は、**図5.13**と**図5.14**の主要な相違点です。技術解説をする時は、「似ているけれど一部違う」ものを比較して原理を理解させるような説明をする場面がよくあります。その際、「一部違う」部分に理解のカギがあるわけですから、「違う」部分がハッキリわかるように工夫します。このケースでは、「制御コードとパラメータの混ざったテキスト」の有無がカギなので、それ以外の部分は共通にしてあります。

動作イメージがわくようにちょっとした図を描く

3つ目は、一般的に使われているSQLインジェクション対策ガイドラインでは「バインド機能」という用語が使われていることから、その機能の動作イメージが持てるように、「実行計画」の中に複数の「処理」を書き、そのうちの1つにパラメータの矢印を結び付ける図解をしてあります。こうした、「動作イメージがわくようなちょっとした図解」を書くのは難易度が高いようで、実際にやろうとするとかなり苦労すると思いますが、技術解説をする時の効果は絶大ですので、ぜひ根気よくチャレンジしてください。

4つ目は、①〜⑤の処理フローが上から下への一方向で順番に出現するように書いてあることを指します。これが上に行ったり下に行ったりと、読む順番がくるくる変わるようだと理解しづらくなるので、図解をする場合は極力「一方向に視線を動かせば適切な順番で読み取れる」ように配置を工夫します。どうしてもそうならない場合もあるので努力目標ですが、少なくとも意識して努力はしてください。

「図解」は難易度が高いが、身につけておくべき技術

図5.11～**図5.14**、それからその前の**図5.10**のように技術的専門性が高いテーマについて、動作イメージが伝わるちょっとした図解（ポンチ絵と呼ぶ人もいます）を書くのは難易度が高いようです。

実際、本章の他の図は「分類、ラベリング」「因果関係」「フロー&コメント」のような基本的な型として理解できますし、同型の図解を使う機会が多いので考えやすい（ひらめきやすい）のですが、**図5.10**以降は技術そのものの構造を残して抽象化しているため、別な技術課題についてはまた別な図解パターンを考えざるを得ません。単純な応用が利きづらいのでその分難しいのです。

IT業界はもともとこうした「技術そのものの構造を残して抽象化した図解」の必要性を深く感じてきた業界であり、そのための手法もこれまで数多く開発されてきました。フローチャート、状態遷移図、DFD、ER図、UMLなどがその例です。

しかし、それらの手法はいずれも実装技術に近い世界を表すには便利なのですが、より抽象化レベルを上げた概念を考えるのには向いていません。ですので、SQLインジェクション対策の例で示したようなポンチ絵的な概念図を書く時は、UMLもER図もその他の記法もいったん忘れてゼロベースで考えてみてください。

▶ 例：SELECT文の結合条件と抽出条件

SQLに関する例をもう1つ見てみましょう。

まず、SQLを学び始めた初心者向けにSELECT文の文法を教える場面を読んでください。下記の例はすべて文章で説明したものですが、率直にいってわかりやすい説明とはいえません。

“

【SQLを学び始めた初心者向けにSELECT文の文法を教える場面】

SELECT文はデータを検索するために使います。検索する際に、複数のテーブルを結合することができます。では、次の2つのSELECT文の動作がどのように違うかを考えてください。

＜文1＞

```
SELECT * FROM a LEFT JOIN b
  ON a.id = b.a_id
        AND b.flag <> 1
```

＜文2＞

```
SELECT * FROM a LEFT JOIN b
  ON a.id = b.a_id
  WHERE b.flag <> 1
```

どちらの文も、aテーブルとbテーブルを`a.id=b.a_id`という条件で`LEFT JOIN`をかけてすべてのカラムのデータを取得するのは同じです。`b.flag <> 1`という条件が付いているのも同じ。違うのは、その`b.flag <> 1`が`ON`句に指定されているか、`WHERE`句に指定されているかです。

`ON`句は結合条件を指定するもので、その処理は「結合前に」行われます。したがって、文1では`b.flag <> 1`という条件でbテーブルを抽出したあとにaテーブルと結合されます。

`WHERE`句は抽出条件を指定するもので、その処理は「結合後に」行われます。したがって、文2ではaテーブルとbテーブルを結合してから`b.flag <> 1`という条件でデータを抽出します。

「SQLを学び始めた初心者」が対象読者の場合、おそらく上記の説明ですぐに理解できる人はほとんどいないはずです。問題は3つあります。

1. サンプルデータを用意していない
2. 「抽出」という言葉が2カ所で使われていて紛らわしい
3. SELECT文の処理フローが示されていない

1つ目の「サンプルデータ」は、aテーブルとbテーブルの実例を出してSELECT実行後の違いを見せるべき、ということです。初心者向けの教育をするならそれは大事です。が、本書はSQL教育がテーマではないので省略します。

2つ目は、以下の部分が問題です。

> ON句は結合条件を指定するもので、その処理は「結合前に」行われます。したがって、文1ではb.flag <> 1という条件でbテーブルを**抽出した**あとにaテーブルと結合されます。
>
> WHERE句は抽出条件を指定するもので、その処理は「結合後に」行われます。したがって、文2ではaテーブルとbテーブルを結合してからb.flag <> 1という条件でデータを**抽出します。**

ON句の説明とWHERE句の説明の中にそれぞれ「抽出」という言葉が出てきます。これの何が違うのかが「イメージがわくように」書かれていません。

そこで足りないのが、実は3つ目の「SELECT文の処理フローが示されていない」ことです。具体的には**図5.15**のような図を書くと、問題の2.と3.は解決します。

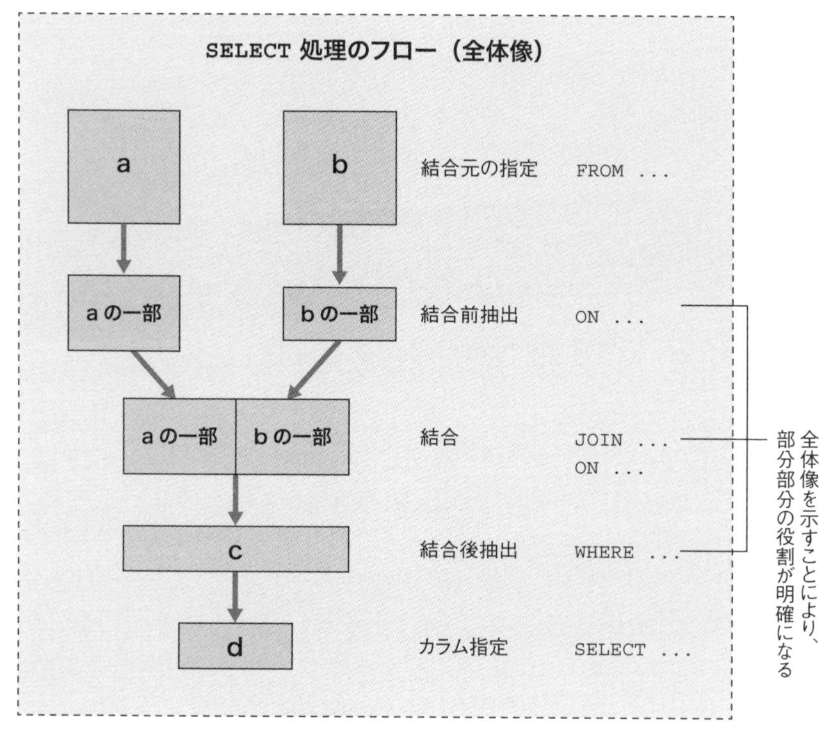

図5.15：SELECT文の抽出条件と結合条件

SELECT文の処理は**図5.15**のように、結合元のテーブルaとbからON句に指定されているレコードを抽出し、結合したあとにWHERE句の抽出処理を行い、そこから必要なカラムを残す、という風に考えると理解しやすいです。ON句で指定された条件がb.flag<>1のように片方のテーブルにだけかかわるものの場合はそのテーブルだけでまず抽出し、その後結合をして、結合を終えてからWHEREで抽出するわけです。

いっていること自体は文章で説明したものと同じなのですが、図解したほうがはるかにわかりやすいのがおわかりでしょう。これは、実は文章のほうでは全体像を示していないのに対して、図にすると「全体像の中のどの部分か」が見えるからです。「ON句の処理は結合前に行う」「WHERE句の処理は結合後に行う」といった説明をしてはいても、全体像の中にどう位置付けられるのかが見えないと、単純な説明であってもピンと来ないのが現実です。

全体像が見えるようにする

というのは非常に重要で、私が「下手な説明だなあ」と思うものの多くはこれができていません。

ロジックツリーとMECEの原則とは

「全体像を示す」ための方法の1つに、ロジックツリーとMECEがあります。

ロジックツリーというのは問題解決技法やロジカルシンキングと呼ばれる分野でよく使われます。理屈としては、要するに枝分かれする単純なツリー構造で、ロジックを抽象的なものから具体的なものへとブレークダウン（具体化、詳細化）していく方法です。

ロジックツリーを使うと便利なのは、何か問題が起きて原因究明をする場合や、逆に何か目標を達成するための手段を考える場合です。

図5.16では、「障害の発生を防ぐ」という目標を達成するための手段を考えるツリー例を示しています。

図の左端、ツリーの根、つまり枝分かれの起点に当たる部分を「主題」や「イシュー」と呼びます。主題をもとに原因や方法を大まかなものから詳細／具体的なものへと分解していくわけです。

ただそれだけのものなのでロジックツリー自体の理屈に難解なところはなく、誰でも普通に考えているようなものですが、問題の種類によっては実際にこれを上手く作るのはそれほど簡単ではありません。結局のところ、ロジックツリー自体は単純なものでも、問題（主題）をよく理解していないと適切な分類ができないのです。

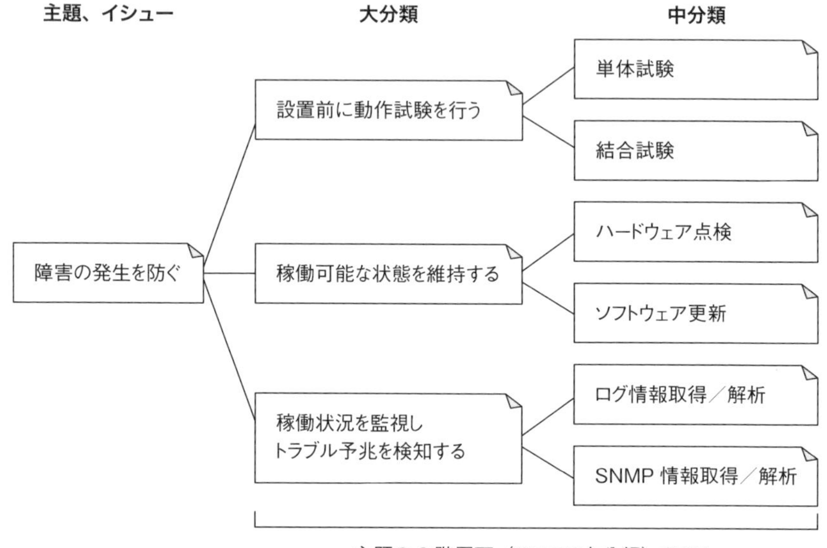

図5.16：ロジックツリーの例

 ダブリなく、かつ、モレなく：MECE

なお、「分類」という言葉が出てくることから想像が付くと思いますが、これは本書の第1章でしつこく触れた「分類ラベルを付ける」のと本質的に同じ作業です。ただし、主題の2階層下、つまり**図5.16**で「中分類」の層までに挙げた項目の間ではダブリがないように気を付けてください。

中分類レベルでは「ダブリなく、かつ、モレなく」項目を挙げつつも、大分類レベルではそれを適度にまとめて抽象化し表現する必要があります。この「ダブリなく、かつ、モレなく」を「MECE（Mutually Exclusive Collectively Exhaustiveの略。ミッシーまたはミーシーと発音）の原則」と呼びます。

「モレなく」というのはつまり、あるテーマについて関連する情報の「全体をカバーする」ということであり、「ダブリなく」というのは通常「視点を統一する」ことによって成り立ちます。

図5.17にMECEの失敗例を挙げました。サイズと用途、エスニシティと栄養特性、のように異なる視点による分類を同一の階層に持ち込むと「ダブリ」が起きます。したがって、自分がどの視点を使っているのかというメタ認知ができないとMECEの原則に反したものしか作れず、ロジックツリーを上手く作れません。

なお、MECEの原則が必要なのは「主題の2階層下」までで、それより下の階層では努力目標程度で十分です。

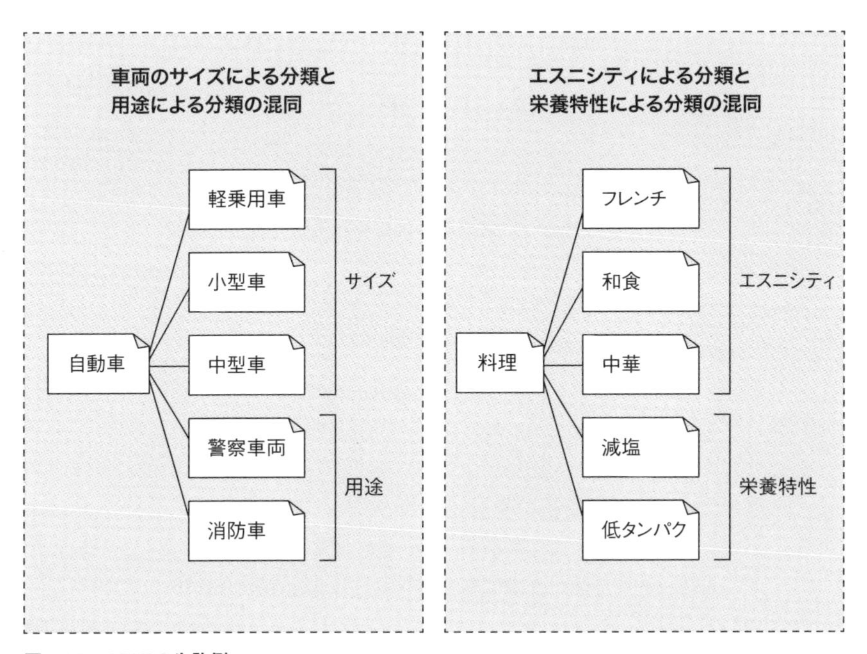

図5.17：MECEの失敗例

MECEの原則を守るためには「視点を統一する」必要がありますが、物事を分類する視点は複数存在するのが普通です。

図5.17を見ていただいてもおわかりのように、自動車を分類するのにサイズと用途のどちらが正しい視点か、というのは一概には決まりません。決めるためには「目的」や前提条件を明確にする必要があります。実は「どんな状況で何のためにこれを考えているのか」という目的、前提条件がぼ

やけたままで問題解決をしようとするケースが非常に多いのです。しかし、MECEの原則を守ろうとすると「複数の視点のうちのどれか1つを選ぶ」ためにそれを明確にせざるを得なくなります。

つまり、「いやおうなしに目的と前提条件を明確に意識せざるを得ない」というのが、MECEの原則を守ってロジックツリーを作ることの本質的な意義です。

ただし、「ダブリなく、かつ、モレなく」といっても本当に厳密な意味でそれを追求しようとするとキリがないので、実務的には細かい違いには目をつぶってアバウトにやります。どの程度のアバウトさを許容するかに正解はないので、要するに関係者が納得して意思決定に役に立てばOKということです。ロジカルシンキングといっても実際はそんな非論理的なさじ加減のほうが重要だったりします。

ロジックツリーは万能か？

ロジックツリーとMECEはもともとアメリカの戦略系コンサルティングファームで発達した手法で、日本で広く使われ出したのは1990年代後半からです。

単純な手法だけに、業界を問わずあらゆる場面で応用することができますが、万能ではありません。「ダブリなく、かつ、モレなく」整理することが「全体像を見える化する」ために有効なのは確かです。とはいえそれが通用しない場合も間違いなく存在するので、盲信はしないでください。

例えば、**図5.14**や**図5.15**のような内容を「ロジックツリー」で書こうとするのはまったくの無駄です。あの種の図は実物・実世界の動きを簡略化して表現することに意味があり、ツリー構造化するメリットはありません。

もう1つの例をお見せしましょう。**図5.18**は、2008年2月に海上自衛隊のイージス艦と漁船が衝突する事故が発生した時に私が書いたロジックツリーです[注5.1]。

注5.1：ちなみにこの事故についてはその後、衝突の責任は漁船側にあることが刑事裁判を通して認定され、判決が確定しています。

「なぜ衝突事故が起きたのか？」という主題から始まって、大項目（原因を大まかに自然と人為に分ける）、中項目（「人為」側は、監視→判断→対応のフローに分解）、小項目（監視／判断／対応のそれぞれの方法をさらに分解）と上手くブレークダウンできているように見えることでしょう。しかし、少なくとも大きな間違いはないツリーのはずですが、かといってこれで「問題の全体像が見える」ようにはなりません。

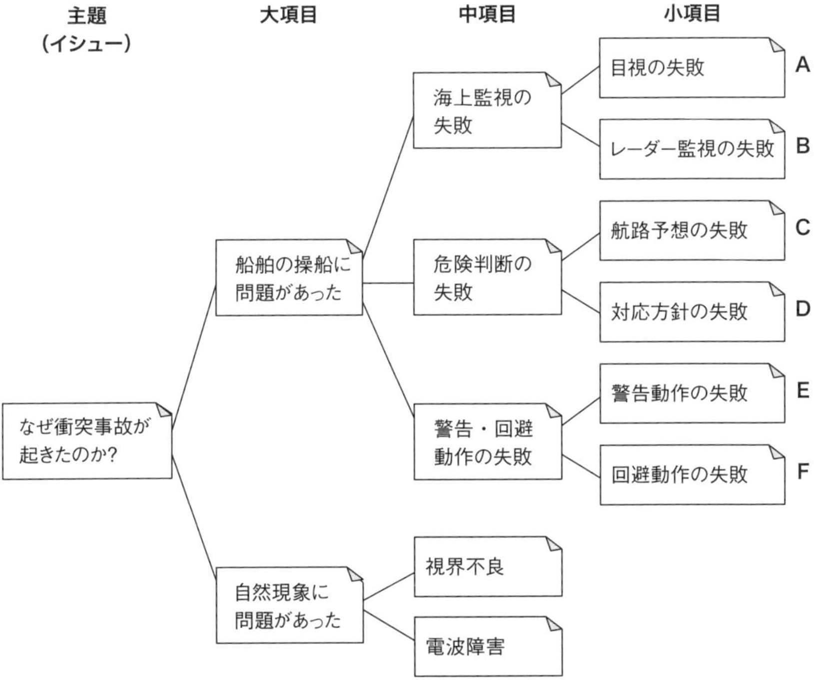

主題（イシュー） / 大項目 / 中項目 / 小項目

- なぜ衝突事故が起きたのか?
  - 船舶の操船に問題があった
    - 海上監視の失敗
      - 目視の失敗 A
      - レーダー監視の失敗 B
    - 危険判断の失敗
      - 航路予想の失敗 C
      - 対応方針の失敗 D
    - 警告・回避動作の失敗
      - 警告動作の失敗 E
      - 回避動作の失敗 F
  - 自然現象に問題があった
    - 視界不良
    - 電波障害

図5.18：原因究明のロジックツリー

代わって**図5.19**を見てください。こちらは船舶の運航時に、他船や暗礁への衝突を防止するための監視・判断・操艦をどのように行うかを機能ブロックモデル化したものです。図中のA～Fの記号はそれぞれ**図5.18**の右端のアルファベット記号に対応します。

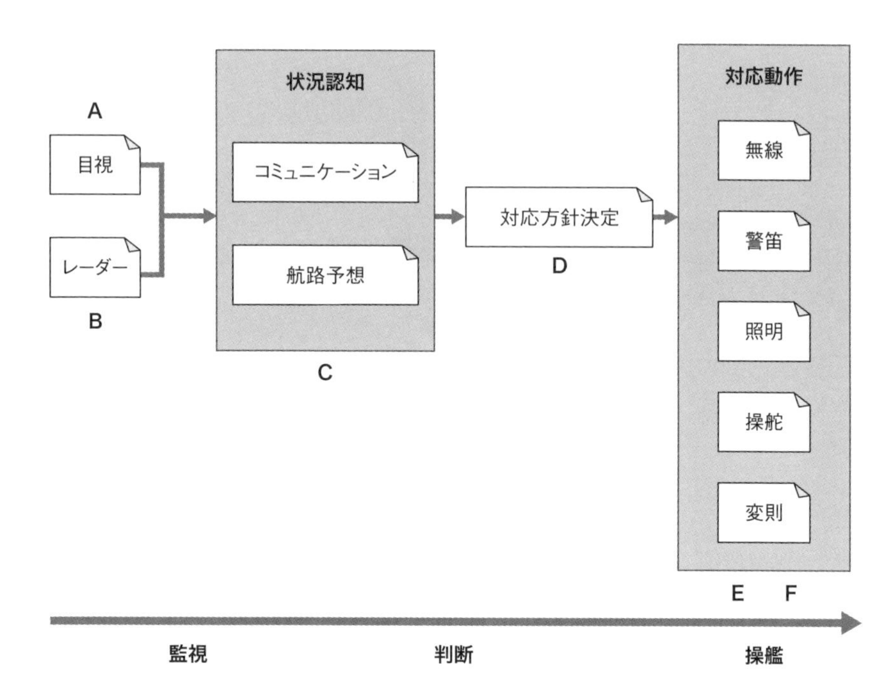

図 5.19：船舶運航時の機能ブロックモデル

大まかにいうと、監視員の目視またはレーダーによる海上監視の報告をもとに状況を認知し、危険がある場合は対応方針を決定して対応動作を取る、という流れです。この図であれば実際の業務・情報の流れに沿って書かれているので実業務をイメージすることができますが、ロジックツリーではそれができません。

要するに、ロジックツリーは「仕組みが見える構造化」のための手法ではないので、その限界をきちんとわきまえて使う必要があります。

実世界の仕組みが見えない限りロジックツリーは使えない

実のところ、ロジックツリーが役に立つのは主に次の**図5.20**に示した「上の世界」です。

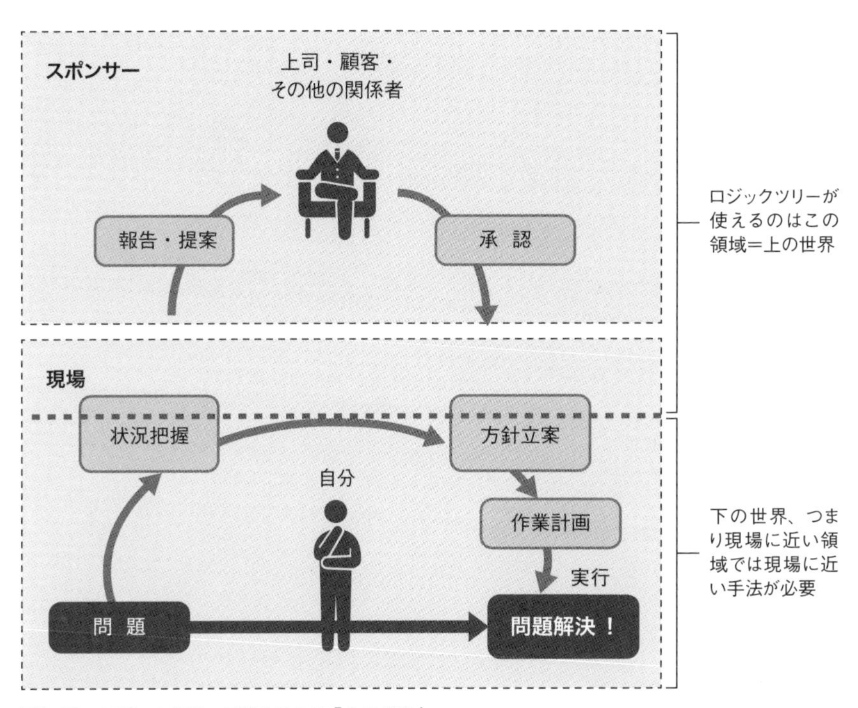

図5.20：ロジックツリーが使えるのは「上の世界」

図5.20の主要部分は第1章の**図1.2**の再掲ですが、覚えていますか？その中の「状況把握」と「方針立案」にまたがるように引いた点線ラインよりも上の部分が「上の世界」です。ここは主にロジックツリーが役に立ちます。

しかし「下の世界」、つまり現場に近い領域では現場に近い手法が必要です。問題を解決するためには、まず「何がどうなっているのか」という状況把握が必要であり、そのために役に立つのは**図5.19**のような「現場をイメージできる構造化手法」であって、**図5.18**のようなロジックツリーではありません。

そうしてある程度問題を把握できた時に、それを簡潔にまとめて「上の人に報告する」際にはロジックツリーが大いに役立ちます。しかしそれはあくまでも「現場の状況把握」ができたうえでのことであって、現場を把握できていない人間が机上の思考でロジックツリーを作って一見キレイに論理的に整理できたように見えたとしても、それは何の役にも立たない机上の空論です。

特殊な手法を覚えるよりも分類ワークの継続が効果的

「状況把握」のために使う構造化（図解）の方法にはきわめて多種多様・千差万別なものがあり、問題の種類によってまったく違います。同じSQL関連の話題であっても**図5.14**と**図5.15**ではまったく違うように、ちょっとでも違う問題には異なる構造化が必要になります。「これさえ覚えておけば大丈夫！　図解手法の決定版！」のような都合のよい手法は存在しません。

IT業界では半世紀以上前に作られたフローチャート以来、プログラムの構造を表記するためのさまざまな図解手法がもともと多数乱立していました。あまりにも乱立しすぎて相互に通じない弊害が起きたため、統一規格が求められてUMLのようなものが生まれたほどです。その種の手法では多種多様な記号に意味を持たせているため、記号の意味を覚えることが重要です。しかし、本書ではその種の「記号の意味を覚えなければわからない図解」はただの1つも使っていません。

実は、UMLのような「特殊記号を多用する方法」は主にシステム開発における実装技術を使う領域で役に立つもので、実世界の問題について状況把握をしよう、という時には記号を使う意味はあまりないのです。

例外として、システム思考とIDEF0の考え方と表記法は実世界の状況把握・問題解決に役立ちますが、本書ではページ数の関係で省略しました。

そんなわけで繰り返しになりますが、「これさえ覚えておけば大丈夫！」な図解手法というものは存在しません。重要なのは、

> カギとなるラベルを自分で見つける力

です。この章でも「現状把握／運用／運用終了（**図5.5**）」や「働き／効果／目標（**図5.6**）」、「監視／判断／操艦（**図5.19**）」などのラベルが出てきましたが、こうしたラベルを自分で見つけることが重要です。

「働き／効果／目標」のようにいろいろな分野で横断的に出てくるパターンもあることはありますが、だからといってそれを丸暗記しても実際には応用できません。ですが、自分で見つけることができれば、「以前も出てきたあのパターンをまた使おう」という形で応用できるようになります。

丸暗記しても応用できないのは、パターンがきわめて多種多様だからです。なので、覚えて応用するのではなく、個別の問題に真摯に向き合ってその都度違う手法を発見するぞ、くらいの意識で考えてください。そのために一番役に立つのは、第1章で触れた「分類ラベルを付ける」ワークを徹底的に継続することです。

というわけで、「1日3分・3行ラベリング」というフレーズを思い出してください。

> **【1日3分・3行ラベリング】**
> 3行程度（150～200文字程度）の短い文について、分解して分類してラベルを付けたらどんなラベルが出てくるか、を考えるワーク。

実例は第1章で触れてあるので読み返してみてください。結局のところこれが一番重要です。1日3分程度でよいので1カ月間継続してみましょう。

理屈として難しいものではありませんし、たったそれだけ？ と思われるかもしれません。しかし、その「たったそれだけ」をほとんどの人はやっていませんし、やってみると意外にできないのが実情です。それを1日3分でも継続して実践することで「ラベルを自分で見つける力」が身につきます。

本書のまとめ

技術者が説明をしなければならない場面は、例えば20年ほど前に比べると間違いなく増えています。にもかかわらず、「人に説明する仕事」には普段やっている技術そのものの学習や問題解決とは違うスキルが必要になるため、それを苦手に感じている技術者も多いことでしょう。

しかしそれは単に「やったことがないから慣れていない」だけのことです。本書を参考にして「説明の技術」に関する知識を得たうえで実践を重ねれば、必要なスキルはごく短期間で確実に習得することができます。

特に第4章の「デリバリー」系スキルは食わず嫌いで避けている人が多いのですが、あれこそきちんと練習すればほんの数日で見違えるように上達する、「学びのコストパフォーマンス」の高い領域なので、ぜひやってみてください。

それから重要なのが第1章で触れた「1日3分・3行ラベリング」。1日3分だけ、3行程度の短い文を対象に、分解・分類・ラベリングをして単純ラベルや分類ラベルを見つけ出すワークが、「文章」を書く時も「図解」をする時も役立ちます。

この第5章で触れたような難易度の高い図解は3年後ぐらいを目標にして、まずは箇条書きを分類すること、ラベルを付けることから1歩を踏み出してみてください。

技術をきちんとわかっている技術者自身が、技術を知らないお客様に説明できれば、お客様の誤解を防ぐため、そしてニーズをより正確に把握するために大いに役に立ちます。だからこそ、技術者が説明力を身につけることは技術者自身のためでもあるし、お客様にも感謝され、社会的にも意義のあることなのです。

そのために毎日できる努力が「1日3分・3行ラベリング」です。まずは今この瞬間から実践してみてください。7箇条ぐらいの箇条書きでやってみるのが手頃です。社内の文書から箇条書きを使っているものを探してみましょう。その1歩が、「説明上手」な未来を開くのです。

COLUMN

悩んで考えたことは人の記憶に残る

データセンター事業を手がけるさくらインターネット株式会社のエヴァンジェリストで、『現場のインフラ屋が教える インフラエンジニアになるための教科書（2016年6月・ソシム刊）』その他の著書をお持ちの横田真俊さんにお話を伺いました。

■ ■ ■

――横田さんは現役の技術者や学生に対して、新技術を紹介するプレゼンテーション、ライトニングトークや、実際に手を動かしてサーバーを稼働させてみるハンズオンセミナーといった講演・教育活動の経験が豊富だそうですが、どのようなことを心がけておられますか？

横田：1つ目は相手の知識に応じて話をすること、2つ目は「自分でもできる」と思ってもらうこと、3つ目にある程度は悩んでもらうことですね。

――なるほど、それぞれもう少し詳しく伺わせてください。

横田：まず1つ目、講演のような場ですと、お客さんの知識レベルを想定しづらい時があるので、その場合は知識レベルがわかるような簡単な質問を用意しておきます。基本的な用語をいくつか挙げて、知っているなら手を挙げてもらうとかですね。それで最初にレベルを計ってそれに応じて内容を組み立てます。

2つ目については、技術というのは実際使ってみないとわかりませんので、「使い始める」ところまではお客さんをお連れしよう、ということ。例えば自転車の乗り方を覚える場合も、足を着かずにこげるようになるまでが最大のハードルで、それができれば日常生活では使って楽しめます。サーバーを立ち上げる場合も、"Hello World"でもいいからまず動くところまでは持っていく。そうすればそこからはいろいろ試しやすくなりますから。

そこまではできそうだ、と思ってもらうことが重要ですね。ハンズオンですと、実機を各自動かしてコマンド投入しながら講師の話も聞くので、うっかりすると「あれ？　今何やってるところ？」と居場所を見失うようなことが起きやすいんです。そこで、今はどの場面なのか、そこで何をしたらいいのかを見失わないような資料作りと話し方を心がけています。

3つ目については、技術教育をする時は「わかりやすい」だけじゃダメだと思うんですよ。人間、ある程度悩んで考えないと身につきませんから。全部この通りやれば動きますよ、と手取り足取り指示してやればその場は失敗しないかもしれませんが、人は失敗して悩んで考えることで力を付けるものです。短い時間の中で大勢を相手にするのでさじ加減は難しいですが、悩むポイントがあるように、そこに時間を使う余裕があるように、ということは意識しています。

――プレゼンテーションにせよハンズオンにせよ、内容を詰め込みすぎて時間が足りなくなるという悩みをよく聞きますが、だからこそ時間の余裕を確保するというのは大事なのでしょうね。

横田：自分の知っていることをあれもこれも入れようとすると、どうしても詰め込みになりますね。ですので、テーマを絞り込んで、今回はここさえクリアできればいい、という1点に合わせて必要な情報を盛り込むようにしています。そのテーマがハッキリしていれば、現場で臨機応変に枝葉の部分を切り捨てるのも躊躇なくできますし、その分、補足説明が必要な部分は追加したりもできます。何でもそうなのでしょうが、テーマを明確にするというのは重要なのだと思いますね。

COLUMN

「学び合うコミュニティ」を作りたい

Docker、Hashicorp等を駆使した運用自動化やDevOps等のエヴァンジェリスト活動をされている前佛雅人さん（さくらインターネット株式会社）にお話を伺いました。

■ ■ ■

――前佛さんはブログの執筆、Webメディアへの寄稿や書籍出版など、自分自身が「技術そのものを伝える」ことに力を入れるだけでなく、プレゼンテーション研究会も主催されて「エンジニアが伝える力を身につける」ための活動にも熱心ですよね。そう考えるようになった動機は何でしょうか？

前佛：よい技術であっても広まらなければ価値は生みません。広まるためにはそれを伝える人が必要です。ではそれを伝える仕事は誰がするのか？　と考えると、技術を理解しているエンジニア自身でなければできない。だったら皆でその力を身につけよう、ということです。

――エンジニアというと職人気質で無口な人間、というようなイメージも世間にはありますよね。

前佛：ええ、でももうそこからは脱皮しなければいけないだろう、と。というのは、エンジニア自身が技術を身につけるためにも「伝える力」が必要なんです。なぜなら、技術進歩の速度が加速し続けていて、個人ですべての領域を学ぶのは限界があります。自分が学んだことを整理して人に伝えることで、自分は理解を深めることができるし、他の人は短時間で学ぶことができます。伝えた相手からの質問や提案があればそれがまた次のテーマになります。

それぞれが違うことを学んでそれを他人に伝えることを相互に繰り返していけば、エンジニアのコミュニティが、一人では不可能なスピードで集団として短期間にレベルアップできるじゃないですか。そんな「学び合うコミュニティ」を作るためには、やはり一人一人にある程度「伝える力」が必要だと考えました。

――なるほど、では例えば社会人３年目ぐらいの若いエンジニアに「伝える力」を身につけるためのアドバイスをするとしたらどんなことがありますか？

前佛：第1に、適切なタイトルを付けること。これはプレゼンテーションの対象者が誰で、どんな行動を取って欲しいかを明確にしないとできないので、実は難しいのです。第2に、議題と結論を冒頭に話すこと。技術紹介のプレゼンテーションではこれが重要だと思います。第3に、世間の「プレゼンテーションはかくあるべし」論を当てにせずに考えることです。

――３番目のお話をもう少し詳しくお願いします。

前佛：よいプレゼンテーションというと、例えばTEDとかスティーブ・ジョブズとかの、きわめて文字が少なく、トークですべてを伝えるようなスタイルがよく引き合いに出されますよね。あれはあれでありだと思いますが、しかし、あのスタイルは技術を学びたい人への技術解説には向いてないです。誰にどんな話を伝えるのか、その事情はすべてのプレゼンテーションで違うのですから、私がジョブズのまねをしても意味はないじゃないですか。どの程度の文字数が使えるか、図版は、写真は、等々をその都度よく考えるべきだと思いますね。

　もちろん、よく考えるといっても最初のうちは失敗ばっかりですよ。でもそれでいいんです。失敗したら、何を直せばいいかわかりますから、思い切ってチャレンジしてください！

あとがき

技術的な情報の「図解」を軸に、「説明する技術」に関する教育・啓蒙活動を私が始めてから、約15年になります。始めたばかりの頃に比べると、エンジニアに限らずビジネスパーソン一般の傾向として、書くこと・しゃべることが上手な人が増えたように感じます。社員向けの研修にそのためのカリキュラムを取り入れる会社も多くなりましたし、やはり「コミュニケーション」がそれほど重要になっているのだろうと思います。

その15年の間に10冊の本を書いてきたので本書は11冊目になりますが、実は「プレゼンテーション」という、「人前で話す技術」についてたっぷりスペースをとって書いたのは今回がはじめてです。もともと私は「図解」を中心に「書く技術」を扱ってきたのですが、「説明する技術」という範囲で考えるなら「しゃべること」も欠かせませんし、実際そのためのノウハウも知らない人がほとんどなので本書に収録しておきました。プレゼンテーションの技術は難易度が低いので、きちんと練習すれば誰でも短時間で確実に上達します。本書をその練習に活かしてくれることを願っています。

本書を書くに当たっては今までで最も多くの方々にご協力をいただきました。本書の企画を通して編集をしていただいた翔泳社の片岡さんと山本さん、取材にご協力いただいた芦屋広太さん、伊藤玄蕃さん、林光一郎さん、佐藤康幸さん、さくらインターネットの前佛雅人さんと横田雅俊さん、Cubic Argumentの大江さん、下田さん、向川さん、オレンジロードの大谷さん、携帯販売のKさん、中部産業連盟の小橋川さん、妻の玲子、その他名前を出せない多くの皆様にご協力・応援いただきました。ありがとうございました！

開米 瑞浩

さくいん

数字

英字

あ行

か行

さ行

た行

な行

は行

ら行

わ行

▶ プロフィール

開米 瑞浩（かいまい みずひろ）

元・組み込み系ITエンジニア。「人と話をするのが苦手」であったことから、「口下手でも上手く説明できる方法」を求めて図解を多用するようになり、ITシステムの複雑な仕様や障害報告等を図解する工夫を重ねた結果、逆に「説明上手」という評判を得る。これがきっかけで「説明する技術」のトレーニング、広報資料のライティングやコンサルティングを行う。著書に「エンジニアのための図解思考　再入門講座」（翔泳社）など。

装丁　戸塚 みゆき（ISSHIKI）
DTP・本文デザイン　久保田 千絵

エンジニアを説明上手にする本
相手に応じた技術情報や知識の伝え方

2016年12月1日 初版第1刷発行

著 者　開米 瑞浩（かいまい みずひろ）
発行人　佐々木 幹夫
発行所　株式会社 翔泳社（http://www.shoeisha.co.jp）
印刷・製本　株式会社 ワコープラネット

ISBN978-4-7981-4759-8 Printed in Japan